★『农家书屋』特别推荐书系

》综合类

农村家政

黄正泉/主编

周国良 朱梅 李红琼 王健 李常国/参编

湖南科学技术出版社

图书在版编目(CIP)数据

农村家政/黄正泉主编.—长沙:湖南科学技术出版社,
2000.5

ISBN 978 – 7 – 5357 – 5576 – 6

Ⅰ.农…　Ⅱ.黄…　Ⅲ.农村 – 家政学　Ⅳ.TS976

中国版本图书馆 CIP 数据核字(2009)第 061630 号

农村家政

主　　编:黄正泉
责任编辑:彭少富
出版发行:湖南科学技术出版社
社　　址:长沙市湘雅路 276 号
　　　　　http://www.hnstp.com
印　　刷:唐山新苑印务有限公司
　　　　　(印装质量问题请直接与本厂联系)
厂　　址:河北省玉田县亮甲店镇杨五侯庄村东 102 国道北侧
邮　　编:064101
出版日期:2017 年 10 月第 1 版第 2 次
开　　本:787mm×1092mm　1/32
印　　张:5
字　　数:98000
书　　号:ISBN 978 – 7 – 5357 – 5576 – 6
定　　价:20.00 元

目　　录

第一章　绪　　论

　　中国是一个历史悠久、文明发达的国家,也是一个最讲
"家教"的国家,自古以来人们就把个人的修养、治理家庭、治
理国家和统一天下紧密地联系在一起。我们的祖先相当重视
家庭对个人、国家和社会的影响与作用。我国关于家政的研
究可以追溯到北齐(公元550年)颜之推所写的《颜氏家训》一
书,它既是古人教育子女如何继承家业、光宗耀祖的书,也是
古人治理家庭的经验总结,素有"古今家训,以此为祖"的美
名。随着我国农村改革的深入发展,农村面貌发生了巨大的
变化,农村家庭生活观念、生活方式和生活质量也发生了深刻
的变化。那么,当代农村家庭如何才能进一步转变生活观念,
掌握科学的生活方式,不断提高生活质量和人口素质,使农村
千家万户过上美满富裕的生活,这就需要有农村家政来研究
农村家庭问题。

一、农村家政

　　要学习和掌握农村家政这门新兴的科学,首先必须了解
农村家政的基本概念和基本含义。

1. 农村家政的基本概念

什么是农村家政呢？农村家政就是研究农村家庭的生活观念、生活方式、生活技能以及家庭建设科学化的原则、方法的一门应用性科学。

2. 农村家政的基本含义

为了更加全面地理解和掌握农村家政这门科学，必须正确领会农村家政的两层基本含义：

第一，从农村家政的研究对象来看，它主要是从微观上研究农村家庭生活的观念、方式及家庭建设的基本条件，研究农村家庭管理科学化的原则和方法，研究农村家庭生活所需要的知识和技能；同时也从宏观上研究农村家庭生活、家庭建设与整个社会发展的关系。

第二，从农村家政的性质来看，一方面，农村家政是一门综合性科学。这主要是指农村家政与社会学、家庭社会学、管理学、心理学、人际关系学等学科相互交叉、相互渗透。例如，根据家庭社会学的原理，家庭对于个人来说，是安身立命之地，休养生息之所，家庭状况如何，在很大程度上决定着一个人身心是否健康，情绪是否饱满，生活是否幸福，工作是否愉快。家庭对于社会来说，是社会的细胞（即最基础的组织），家庭状况如何又直接影响到整个社会的发展，因为社会的发展是由社会全体成员的素质决定的，而社会成员是由一个个分散独立的家庭提供给社会的。因此，农村家政与社会学、家庭社会学密切相关。同样，根据管理学的原理，家庭是社会管理的最基本的组织。对家庭生活和家庭建设进行科学管理，有利于发挥家庭的各项社会职能,有利于改善社会人际关系,有利于社会风气好转和社会稳定,有利于子孙后代的健康成长,使社会发展后继有人,还有利于调动和发挥每一个社会成员的积极性、创造性,共同为社会发展贡献力量。因此,农村家政又与管理学密切相关。同时,在家庭生活中,如何搞好家庭内部成员之间的关系,如何搞好家庭成员与亲戚之间的关系,如何搞好家庭与邻里之间的关系等等,这又与人际关系学等学科密切相关。另一方面,农村家政是一门应用科学。农村家政的应用性很强。例如,如何改变家庭陈旧的生活观念和生产、生活方式,如何提高家庭生活的质量和人口的素质,如何搞好家庭建设,如何改善家庭人际关系等等,都必须运用农村家政的基本理论和基本方法,以解决家庭的实际问题。

总之,农村家政是以全面提高农村家庭物质生活、文化生活、伦理生活和社会生活的质量为目的的综合性应用科学。

二、农村家政的基本内容

人类最基本的生活是家庭生活,而家庭的建立是以婚姻关系为基础,以血缘关系为纽带;家庭物质生活质量的高低与家庭生财、聚财、用财的方法紧密相关;家庭精神生活质量的好坏又与家庭人际关系的处理以及健康的文化娱乐活动、科学的饮食卫生和保健直接相关。因此,农村家政主要有以下方面的内容:

1. 家庭理财

家庭理财是家庭生活和家庭建设的经济基础。如何才能使家庭生活富裕、家庭建设更加美好？第一,掌握生财之道,即生财的途径和方法。其中关键是要掌握科学种养的方法,以求解决生存和发展的温饱问题并实现小康的目标,通过广开门路掌握发家致富的技巧,达到生活水平的进一步的提高。第二,掌握聚财之道,即积累财富的方法。积极进行家庭储蓄、家庭投资和家庭保险等活动,使家庭财富像滚雪球一样越滚越大,使家庭生活和家庭建设更有保障。第三,掌握用财之道,即合理使用钱物的方法。努力改变不正确的消费观念,做到精打细算,量力而行,合理开支,坚决反对铺张浪费。

2. 恋爱与婚姻

婚姻关系是建立家庭的基础,而婚姻关系的缔结与择偶的观念、标准以及恋爱的过程直接相关;婚姻关系的确立存在一定的程序,尤其是在农村,不仅存在法律程序,而且存在风俗习惯程序。婚姻关系一旦确立,夫妻双方就必须在心理、生理和生活观念、习惯等多方面努力协调,达到相敬如宾、和睦相处;夫妻之间如果产生了矛盾,要尽力调节和化解,决不能轻言离婚、草率离婚;但当夫妻矛盾确实无法调解,夫妻关系确实无法延续时,要注意通过法律的途径合理妥善地加以解决。

3. 育儿与养老

俗话说:“养儿防老,积谷防饥。”这虽是中华民族的一种传统风俗,但也体现出炎黄子孙敬老爱幼的传统美德。在新的社会和时代里,我们仍然要加以继承和发扬光大。继承的关键是要切实做到敬老、爱老、关心老一代的生活与健康,尽自己的最大能力履行瞻养老人的义务;发扬光大的关键在于破除"多子多福"的陈旧思想,用科学的方法育儿,做好优生优育和计划生育,加强对子女的教育和自我教育,全面提高人口素质。

4. 家庭人际关系

家庭是社会的最基础组织,搞好家庭人际关系意义重大,它不仅关系到家庭生活的幸福美满,而且关系到整个国家和社会的稳定与发展。现代农村家庭发展的趋势是人口越来越少,规模越来越小,但农村家庭人际关系仍然非常复杂。一般来看,农村家庭人际关系中存在着父母子女关系、婆媳关系、翁婿关系、兄弟姐妹关系、姑嫂关系、妯娌关系、邻里关系和宗族关系等等。

5. 家庭礼仪

家庭礼仪是家庭成员在家庭生活中与人交往所必须遵循的礼节、礼貌等规范。生活和工作中讲究礼节和礼貌,不仅能反映出个人的素质和修养,同时能反映出家庭教育的水平,还将影响整个社会的风气和风尚。家庭礼仪主要包括家庭起居中的称呼、致意和交谈的礼仪;家庭应酬中的婚丧、寿辰、馈赠、宴请等多方面的礼仪。

6. 卫生与保健

农村家庭生活中,注意卫生和保健十分重要,因为注意卫生、加强保健,能增强家人的体质,使家人延年益寿,达到充分享受生活乐趣和人间情趣的目的。现今中国是一个农业大国,农村人口仍然占绝大多数,农村人口的体质和健康状况对于中华民族的整体素质和国家的综合国力都有重大的影响。因此,农村家庭一方面要注意饮食卫生,做到饮食清洁和科学饮食,另一方面要注意环境卫生,搞好室内卫生和庭院卫生,同时还要加强家庭保健,既讲究个人卫生,又做好家人的保健工作。

7.文化与娱乐

健康的文化娱乐活动既能缓解人们辛勤劳作之后的疲劳,又能陶冶人的情操。尤其是在农村生活中,必须改变陈旧、错误的观念,掌握科学的生活方式,合理安排劳动和休闲的时间,戒除赌博等不良的娱乐方式。继承好的传统,不断适应和掌握现代文明的娱乐方式。

8.社会公德

俗话说:"有国才有家。"因此,农村家庭生活和家庭建设中必须正确处理好国家、集体与家庭及个人的关系。为此,一方面要热爱祖国,继承和发扬爱国主义的优良传统和作风,坚持国家的利益高于一切的原则,全面履行公民的义务;另一方面要热爱家乡,家乡是每一个人生长的地方,也是每一个人走向发达的地方,必须热爱家乡的山山水水,自觉保护和珍惜家乡的一草一木,为家乡的建设献计献策、作出自己最大的贡献,使家乡变得更加富饶、美丽;再者,要热爱集体,集体为农村家庭生活和家庭建设提供了重要的经济保障。因此,必须增强集体主义观念,发扬集体主义精神,自觉抵制和坚决反对损害集体利益的言论和行为,齐心协力为集体事业做出贡献。

三、学习农村家政的意义

为什么要学习农村家政？学习农村家政有什么意义？也

许有人会说：人人都有家，家家都过日子，以前没有学习农村家政，日子照样过得红火，因此农村家政学不学无所谓，没有什么实际意义。事实上并非如此，如果说以前没有学习农村家政，日子真的过得不错，那只是没有注意到有农村家政这样一门学问，但在实际生活中还是不知不觉地运用了农村家政的某些理论和方法。因为日常的生活经验与生活习惯中包含了丰富的家政知识，只不过这些知识还不够全面、系统、科学。农村家政是在吸收并总结实际生活经验和生活习惯的基础上，运用相关理论作指导才形成发展为一门综合性应用科学，其理论知识更加全面、系统和科学。

当代社会的不断发展，科学技术的日益进步，市场经济的不断完善，知识经济时代的到来，特别是我国即将加入 WTO（世界贸易组织），在这种新的形势下，农村家庭该怎样面对，怎样才能进一步搞好农村家庭建设，提高农村家庭生活的质量，协调家庭人际关系等等。这一系列问题是每一位农村家庭成员所直接面对和迫切关心的问题，而解决这一系列问题的最好的方法，就是学习农村家政。

学习农村家政，就是要学习和掌握农村家政的基本知识，基本理论和基本方法，并且在家庭生活和家庭建设中加以灵活地运用，以达到既使个人身心健康发展，又使家庭生活美满富裕，并且促进社会的稳定和进步。具体地说，学习农村家政有以下三方面的积极意义。

1. 有利于个人身心健康发展

大多数人的一生中有相当多的时间是在家庭中度过，因此，家庭对于个人来说，具有重大的影响和重要的意义。家庭的生活观念和生活方式,有时影响着人的一生,甚至始终无法改变;家庭教育的方式和水平,也对人的素质的塑造、能力的培养起着基础性作用;家庭建设的状况,更直接关系到每一个人的物质生活和精神生活水平,直接影响着每个人的身心健康。如果学习农村家政并学好农村家政,就能帮助我们树立正确的生活观念,掌握科学的生活方式,搞好家庭建设,妥善处理人际关系,使自己的一生健康发展。

尤其是在现代社会里,农村改革进一步发展,科技知识进一步普及,农村生产力水平进一步提高,使得农村家庭生活和家庭建设不断改善和提高。这一切都要求我们学习农村家政、学好农村家政。只有这样才能增强个人的素质,塑造完美的人生。

2.有利于家庭生活美满富裕

人人都希望自己的家庭生活美满富裕,那么,美满富裕的家庭生活应该是怎样的呢? 概括起来主要有两种:一种是自我感觉家庭生活美满富裕的标准;另一种是他人感受其家庭生活美满富裕的标准。

自我感觉家庭生活美满富裕的标准,主要有:夫妻互敬互爱,互帮互学,相互信任;夫妻性生活和谐,相互恪守贞操;家庭成员同心协力,和睦亲爱;家庭成员身体健康,在思想上、学习上、事业上相互支持关爱,并追求进步;家庭管理民主、科学;家庭经济宽裕,居住条件较好;家庭人际关系和谐,家庭社交处理得当。

他人感觉其家庭生活美满富裕的标准,主要有:这一家庭看起来像过日子的样子,夫妻之间或夫唱妻随、或妻唱夫随,配合默契;一家人团结友爱,和和美美,不吵架;一家人中子女健壮、有教养、有出息,老人健康、有精神、有福气;经济上较宽裕,不依赖别人;家庭生活井井有条,家庭建设井然有序;亲戚和睦、邻里融洽。

在这些标准中,我们不难发现有一共同点,就是美满富裕的家庭应该是家庭功能得到了充分的发挥。因此,要想使自己的家庭生活变得美满富裕,必须学习农村家政、学好农村家政,并将学到的知识和方法灵活地运用到家庭生活和家庭建设的实践中去。

3. 有利于社会稳定和进步

家庭是人类繁衍、生息和发展的重要基地,同时又是社会最基础的组织。大多数人出生后,经过家庭的哺养和教育,使人具备了生存的基本能力,然后经过社会进一步的培养和塑造,才使人具备了独立思考、不断发展和完善自己的能力。虽然人的素质是由家庭和社会所赋予的,但是人的素质又反过来对家庭和社会的发展产生直接的影响。例如,如果一个人经过家庭和社会的教育培养,具有了较好的素质,那么,他(她)就能为家庭建设和社会稳定与进步作出积极的贡献;相反,如果一个人所受的家庭教育和社会教育严重不够,其能力和素质必然较差,就有可能成为文盲、法盲,甚至有可能走上违法犯罪的道路,从而祸及家庭,危害社会。由此可见,只有学习农村家政、学好农村家政,才能搞好家庭建设和家庭教育,为社会培养造就出高素质的劳动者、建设者,才能促进社会稳定和进步。

第二章　家庭理财

　　家庭理财包括家庭生财、聚财、用财等一系列经济活动。过去农村家庭持家度日有一个明显的特点，就是不重开源，只重节流。农村家庭理财不是考虑如何扩大生产去增加收入，而是如何压缩消费、避免超支。现在，农村家庭理财发生了深刻的变化，开始认识到开源比节流更重要，认识到生财、聚财是用财的重要保证。对于农村家庭来说，要实现发家致富的目标，首先要重视家庭的收入问题。农村家庭只有改变传统的理财观念，广开门路、想方设法增加收入、合理开支、提高财物利用效率，家庭生活才会幸福美满。

一、生财之道

　　生财之道就是生财的办法和途径。我国农村家庭的生财之道主要靠两种途径，一是靠种植业、养殖业，二是靠从事非农职业。现在农民创收的门路大大增多了，既可以依靠农业科技在承包地上搞多种经营，又可以走出黄土地进城打工，还可以搞家庭加工业等等。

（一）科学种养　丰衣足食

种植、养殖收入是农村家庭收入中最基础、最稳定的部分。对于大多数农村家庭来说，主要收入还是靠土地的产出。因为家庭生活的油、盐、酱、醋、粮等都可以从种养业中挣来，因此，农村家庭首先要安排好承包地的种养经营。

1. 科学种养的基本要求

以前，农民靠经验种田，靠天吃饭。单一种植与广种薄收使农民辛辛苦苦一辈子，也只能勉强解决吃饭问题。今天，农村家庭收入的来源、多少及其稳定性，已不仅仅取决于家庭成员的勤劳。事实证明，像"大寨人"那样的勤劳并不能使农民彻底脱贫。现在，农村家庭要富裕起来，必须走科学种养之路。

科学种养要求农民舍得花钱学文化，愿意花钱买技术。农业科技是农村家庭致富的关键因素。国家统计局每年对农村家庭的抽样跟踪调查表明，农民的文化水平与家庭收入有着极大的关系，文化程度越高的农村家庭，其人均收入也越高。一批重视文化的农民依靠市场信息和先进实用的科学技术指导生产和经营，创造了可观的经济效益，成为广大农民学习的榜样。如某青年农民曾先后养过鸡、鸭、鱼，但效益都不好。后来他在一位记者的指点下，订阅了多种农业技术报刊杂志，依靠科学的养殖技术，选择了生病少、易饲养、销路好、效益高的养龟行当。通过潜心学习，终于成功地养殖了七彩龟、金头龟、鳄鱼龟，一年获利几十万元。这位养龟大王取得成功后，深有体会地说："用每天三分之一的时间去阅读报刊是发家致富的捷径之一。"

科学种养还要求农民转变思想观念。近些年来，出现了农业增产不增收，农产品销售困难等问题。要解决这些问题，就要彻底实现由"吃饭农业"向"商品农业"的转变。现在，我国主要农产品已由长期短缺变成总量大体平衡。温饱问题解决后，人们对粮食等基本农产品的直接消费趋于下降，对肉食类食品、加工类食品的需求逐步增加，对农产品的质量也提出了更高的要求。单纯满足温饱的农产品，即便是价格低廉，人们也可能会不屑一顾。而一些"好吃"的农产品，即使价格高一点，人们也愿意掏钱买。鉴于这种变化，农村家庭必须清醒地认识到要根据市场需求状况安排种养、谋划生产。现在农产品的竞争主要是质量竞争，农民参与竞争必须以优质取胜。优质的内容概括为"优"、"健"两个字。"优"，包括直接食用产品的鲜活度高、外形美、风味好。"健"，是指"营养丰富、食用安全"的绿色食品和保健食品。能否按市场需求安排种养，是衡量种养科学与否的重要依据。这就要求农村家庭在生产决策上讲究科学。同时，商品经济要求农民必须完全走出自给自足经济的发展模式，从生产到销售的整个过程，都要按商品经济的规律办事。如在生产方面，要彻底改变农村家庭自繁自留育种的老办法，提高种性和质量。在销售方面，要树立起购销的契约合同意识，接订单生产、按合同交货，这样才能争取稳定的市场。

2. 科学种养的基本内容

（1）良种兴农。种子是农业最基本的生产资料，又是依靠科技进步的主要载体。没有新的一代良种就没有更高的产量和更好的质量，选用良种是种养取得高效益的有效措施和重要保证。在我国，良种对农业生产的贡献率已上升到占 2/3。

如河南省小麦品种进行了七次更换,每更换一次品种,就增产10%～30%。靠良种致富的例子也很多,如某农村家庭选用良种甜高粱,销售秸秆每亩(约667平方米)收入达到2000多元,叶子和籽粒作为饲料喂养牛、羊、猪等牲畜,经济效益非常可观。养殖类的良种有瘦肉型、杂交型的良种猪,菜牛型的湘西黄牛、马头牛,太行黑山羊,美国叉纹鱼、罗非鲫鱼、鳜鱼等等。为了发挥良种的效益,农村家庭选用良种时应遵循以下原则:第一,了解各种良种的特征、特性,掌握不同品种的适应地区、播期播量、整地施肥、合理密植、适时灌溉、化控除草、防治病虫等一整套基本知识和操作技术。第二,选择合法经营、信誉良好、有示范地的种子供应商。第三,与种子供应商签定损失合同。第四,先试种,再扩大经营规模。

(2)良法务农。由于实行土地承包,以及土地资源日趋紧缺,如何在有限的土地上精心筹划、增产增收,成为种养致富的关键。良法务农的主要内容是:

第一,立体种养与集约经营。农业要出效益,必须走集约经营的道路。所谓集约经营,就是在有限的田土上,投入更多的时间、金钱和技术力量。集约经营的最佳方式是立体种养。我国某些乡村,已基本实现了地下、地面、空中的立体经营模式。其地下是沼气池,地面是猪舍和温室蔬菜大棚,空中是悬挂的鸡笼。这种立体经营通过资源的循环利用,使农村家庭节省了能源、提高了生猪出栏率、增加了蔬菜生产收入。某些地方利用空间差、时间差,间作套种、轮作倒茬,做到了粮菜结合、粮瓜结合、粮与各种经济作物结合、高秆与矮秆结合、喜光作物与耐阴作物结合、木本作物与草本作物结合。这种立体种植多种经营模式与常规种植模式相比,可以更充分地利用土地、水源和光能。集约经营的具体方法可以是多投入活劳动,也可以是高技术投入,还可以是高资金投入。一般说来,活劳动、技术和资金最好是按比例追加。因为单纯增加某种生产要素,其投入量超过一定界限后,不仅不能增加收入,反而会减少收入。农村家庭应该根据自身的条件,采取不同的集约经营方式。

第二,规模经营与专业联合。目前我国农村家庭的平均土地承包面积不足 0.53 公顷,如果能使农户的承包面积较目前扩大 3～8 倍,农村家庭收入就会大大提高。例如,某村把全村 45.8 公顷商品粮田分给 13 个农村家庭承包经营,劳动收入比承包前提高 9.3 倍。有种田经验的农村家庭在无兼业可能性的情况下,适当扩大承包土地面积来增收,也是致富的重要途径。值得注意的是:规模经营有个"适度"的问题。同样是搞大面积承包土地,有些农村家庭却变成了亏损大户,其主要原因是经营规模过大,而相关的配套条件不成熟。规模经营对外部条件提出了更高的要求,若运输条件差,农产品不能适时运出去,必然会影响效益。在不宜机械化操作的地区,若农忙时节请不到短工,也会延误生产或增加劳工成本。因此,不具备条件的地区盲目搞规模经营,只会造成损失。同时,在扩大承包土地量的基础上,要逐步加大对土地的科技投入、资金投入。专业联合是家庭规模经营的高级阶段,是生产与流通形成"一条龙"的联合体。目前出现了许多专业联合形式,其中,"公司＋基地＋农村家庭"的经营形式值得推广。例如,某公司是一家拥有 2000 个养殖户、100 万只鸡的综合性公司,该公司每年向农户提供雏鸡120万只,饲料1万吨,各种器械、药品、工程材料折合400万元,保证农户养一只鸡有2元钱的利润,售0.5公斤鸡蛋有0.4元钱的利润,同时还建立农户档案,坚持跟踪服务。农户与公司签订规范的契约合同,明确了双方的权利和义务,至今这项联合已使1100个贫困户走上了脱贫致富之路。"农户＋中介组织"的经营方式在很多地方也取得了成效。如某乡有水产养殖400多公顷,渔民300多户,该乡成立了农副产品购销服务站,除在本地兴建水产品市场外,还投入近200万元在其他省市建立20多个固定服务点,每年为渔民推销水产品近2000吨,同时,不少农村家庭组成购销联合体,使捕捞、养殖、食品加工、船舶修造、网具制作、内河运输连成一体。由于生产体系是建立在中介组织与农户共担风险的基础之上,各个环节合理的利益分配使农户和联合体配合很好,也同样能够共同抵御市场波动的风险,保证农村家庭利益。在一些经济发达地区,还形成了股份式的联合体,通过入股扩股等形式把资金、劳力、生产资料等生产要素组合在一起。实践证明,这也是一种很有效的专业联合方式。专业联合给农村家庭带来了利益,同时也要求农民在与公司、与市场打交道的过程中,必须按市场规则办事,才能保证自己的利益。

第三,挖掘特有资源,发展特色农业。农村的地理位置、自然资源、人文资源等各有不同、各有所长。如何去开发适合本地条件的特种种植、特种养殖及其他特殊产业,是打开致富之门的金钥匙。某些地区兴起的一些"特殊"产业,其收益比传统产业高得多,是"优质优价,特质特价"的集中反映。农村家庭只有走出常规农业,在"特"字上做文章,才能获得高收益。如在产粮地区,可适当减少老品种,增加优质品种的种植面积。像香味大米、彩色玉米等都是农产品市场的"新宠"。其他经济作物像红皮香蕉、奶味西瓜、美国黑莓等品种的市场潜力也非常大。特种动物的养殖更是前景广阔,如特种鱼虾(蟹、甲鱼、热带鱼、斑节对虾、美国加州鲈、奥尼鱼、鳗鱼等)、鸟类(鸽、大雁、鸵鸟、观赏鸟等)、异禽(乌骨鸡、山鸡、鹧鸪、鹌鹑等)、异兽(果子狸、野猪、貉、獐獾、黄羊等),还有蜗牛、食用蝇、蚕等,特种动物在国内外市场都有很大的需求。此外,还可种植特种花卉(多次开花、多种颜色、高产量)、特殊草、盆景、高级草皮,以满足国内外高档市场的需要。药材的栽培更值得重视,许多山地都可栽种适宜当地水土气候的珍稀药材。中药市场正在全世界范围内不断扩大,种植药材只要质量达标,是本小利大的经营。每个县市或地区都有一些具有一定声誉的传统地方特产,这也是发展特色农业,可以深挖的宝贵资源。值得注意的是,传统特产要想在激烈的市场竞争中站稳脚跟,必须在保证产品原有风味的基础上,进行技术革新,提高科技含量。搞种养特产,须在保证品种不退化的同时,注重在防疫、防病、成活率、单产等方面加大科技投入;搞加工特产,要在提高产品质量、延长保质期、改进包装等方面加大技术革新力度。另外,传统特产必须加速产业化进程,从根本上改变零星经营、作坊加工的传统生产方式,实行企业化、集约化、规模化大生产,同时形成质量保证体系,创立地方品牌。

　　第四,巧用时间差,发展反季节产品。农村家庭中,靠种养致富,必须注意市场变化。如旺季,往往是菜多价低无人问,而淡季,则往往货源少而价格高。因此,反季节生产正是利用了"物以稀为贵"的市场变化来获得高效益。如运用大棚种蔬菜,按时间差育苗栽种,别人的西红柿、黄瓜5~6月份才上市,自己的产品在春节前后就上市。在山区,山上山下的自然条件差异也可以加以利用,同样会起到反季节种养的效果。

(二)广开门路　发家致富

随着科学技术的进步和农村经济的发展,农村大量劳动力从土地中解放出来。于是一批富余劳动力开始走出田园,在承包地以外寻求发家致富的门路。

1.兼业创收

近年来,兼业农户日益增多,兼业收入在农村家庭总收入中的比重不断上升。有的兼业户是部分家庭成员从事农业,另一部分成员从事非农业,也有的兼业户是同一家庭成员既从事农业又从事非农业,比较有代表性的是"农忙种田,农闲务工或经商"。凡是兼业且经营好的农村家庭一般都比兼业前收入要好,也比单纯种田的农村家庭收入要高。通常,住在城郊的农民兼业的机会比较多,方式也比较灵活。某些城郊的农民一到傍晚时分,就到城区繁华地带摆小吃摊、服装摊、小商品摊,即使是卖点自产自加工的煮玉米、烤红薯、炒花生等都是本小利大的好经营。对于这类兼业的农民来说,因为要照顾田地里的事情,不可能长期在外做生意,这些小生意就是最好的致富门路。也有些离学校、工厂、单位很近的农村家庭,选择到职工家庭做"钟点工"的,收益既稳定也可观。现在,城镇居民对"钟点工"的需求量越来越大。对于农村妇女来说,买菜煮饭、打扫卫生、搬运煤气、婚礼寿辰帮工、接送儿童入托等都是容易做到的事情,既不耽误农活,又能赚到外快,是发家致富的好门路。相对而言,地处偏远的农村家庭兼业创收的机会要少一些。这种地方的农村家庭一般是安排部分家庭成员在家务农,另一部分出外打工,只要把劳动力安排妥当,同样可以做到农活、赚钱两不误,给家庭带来可观的收入。

2. 个体经营

农村的个体户是指农村中有专门手艺的那部分农民。如木匠、泥瓦匠、石匠、油漆匠、鞋匠、缝纫匠等等。现在,很多有一技之长的农民携妻带子,开始在城郊租房子,做起了专业匠人。男的在外揽活干,女的租地种菜或摆小摊,小孩就在城里读书。部分搞得好的,自己买套商品房,完全实现"农转非"。在城郊、街道、工厂和学校,像农民办的小饭店、修理店(修鞋、伞、自行车)、缝纫店等"夫妻店",更是遍地开花。与兼业户不同的是,这部分农民把自己的土地转租出去,走上了另一条靠个体经营发家致富的道路。

3. 开发庭院经济

有农户,就有庭院。庭院是指自留地和房前屋后的空间场所。近年来,农村经济中两种势力异军突起,一是乡镇企业,二是庭院经济。据山东省昌乐县统计,该县近两年的庭院经济产值不仅超过了农业,还超过了乡镇企业。庭院经济将在今后很长时间内成为农户创收的重要途径。庭院经济的开发模式有两种:一种是把庭院经济作为一家一户的辅助经济,发展半自给半商品化的养殖业和工副业,这一般是在家庭劳力不足和技术水平不高的情况下所采取的庭院开发模式。另一种是在农村商品经济较发达、市场扩大、各种服务组织不断建立与健全的有利条件下,一些内外条件优越、发展项目适当的庭院开发户,转包或退包土地,扩大专业技术设备和厂房,成为专业经营户。庭院开发应因人制宜、因地制宜。

(1)庭院小利用。农民在搞好大田生产的同时搞好庭院经营,可以使庭院收入成为农村家庭第二大稳定的收入来源。一般来说,屋前屋后最适宜种植投资少、对自然条件要求不高且市场前景可观的经济作物,如天麻、香菇、蓖麻、葡萄、柿子、红枣、蜜橘、无花果、板栗、猕猴桃等。另外,要使庭院开发少投资、多产出,就要把大田生产与庭院开发结合起来,互相利用相关资源。例如,某些产稻谷的地区,可以充分利用干稻草栽培食用菇。稻草还可作草编制类产品的原料。与大田生产相配合,庭院还可大力开发农副产品加工业,如大米加工(米粉、米糕)、蔬菜加工(腌菜、干菜)、红薯加工、油料加工、肉鱼加工等,以增加农产品附加值。有人认为,21世纪,我国庭院经济将成为生态农业的载体,农户将普遍利用太阳热能煮饭,从事温室种养。庭院养殖畜禽为大田提供有机肥料和畜力,有机农业也将大力发展。通过庭院与大田互相利用资源,建立生物资源良性循环链,保护农业生态环境,可保证农业可持续发展。

(2)庭院经营大开发。部分内外条件较好的农村家庭退包、转包承包地,专门发展庭院经济,将成为新型的富裕农民。庭院可以搞专业养殖,如有的农村家庭充分利用庭院资源,创立了"五自"一条龙的养猪的新模式,获得高效益。他们购良种公母猪进行自繁,比购猪仔节约费用30%-40%;自家办饲料加工厂进行自配饲料;自己学防疫技术,自己搞防疫注射、驱虫和猪圈消毒,减少了防疫费;建保温型猪圈自养;最后自宰自屠。结果肉价高时,每头猪可多赚100多元,肉价低时,每头猪也可多赚50～60元,成为有名的养猪专业大户。庭院也可用来搞专业加工,如有的农村家庭买来工业用碱、石膏粉、编织化纤丝等原料,自制模具搞雨棚生产,妻子、儿子在家糊制,丈夫骑三轮车走村串户,边卖边给人安装,一个月能挣好几千元。几年下来积累了数万元存款。庭院甚至还可以大规模生产农机具,如生产多功能播种机、饲料粉碎机、悬挂耙等机具。庭院经济由家庭副业向专业化、商品化发展更加有利于发家致富。如专门开发庭院经济的农户可以成为养殖业大户、农副产品加工业大户、工副业专业户、园艺专业户、运销大户甚至可以成为科技推广大户。为了减小市场风险,农村家庭与农村家庭的专业联合是必然趋势。

4. 其他

随着我国休闲产业和假日经济的兴起,旅游景区附近的农村家庭,改善住房条件,优化农家环境,办农家别墅、农家旅店,开办休闲观光农业,兴办旅游纪念品工副业等等,也不失为致富的好办法。

二、聚财之道

绝大多数农村家庭的收入除去当前消费之外,还有剩余,这个剩余就是家庭积累。辛苦挣来的一份家产,如何保值、增值,使财富像滚雪球一样越滚越大,就是聚财问题。农村家庭聚财主要有三种手段:家庭储蓄、家庭投资和家庭保险。

(一)家庭储蓄

家庭储蓄可以将无数笔小钱汇聚成大钱,达到聚小钱办大事的目的,储蓄还可以积累财富以应付未来的消费需求。农村家庭储蓄的方式多种多样,概括起来可分为两大类,即货币储蓄和实物储蓄。

1.货币储蓄

货币储蓄的具体形态可以是现金、银行存款和有价证券。在日常生活中,农村家庭并不是把手中所有的货币都存入银行,除留有日常消费的费用外,还有一种留存现金,那就是"私房钱"。大多数家庭主妇都有一笔或大或小的私房钱,说是留给自己用,最终又大多用来相夫教子了。现金放在家里既不安全又不增值。现在,大多数农村家庭开始把大笔收入存入了银行。银行储蓄是一门学问,要想获取好的利息收入,首先要了解各种储蓄的特点和存取方式,然后选择、设计适宜的储蓄方式。储蓄方式的设计应考虑应急开支和利息收入两个因素。对于每个月都有收入的家庭来说,可以采取"十二张存单法"储蓄:每月存入一张整存整取,存期一年,一年存12张存折。第二年从第一张存单到期开始,连本带息取出后,添上当月结余一同转存一年,如此12张存单循环往复,一旦急需用钱,持当月到期存单支取,既不减少利息,又解燃眉之急。对于一年只有一次收入的家庭来说,收入的金额扣除来年基本生产资料费用和日常生活费以外,余下的存定期。用于生产资料的费用和零星开支一并存活期。若家庭计划买大件或办大事,应该为此设一个专款,每月或每年为此存入一笔。另外,某些特殊储蓄如教育储蓄专项业务,利率高且不交利息税,农村家庭也可视具体情况采用这种储蓄方式。货币储蓄还有一种方式对农村家庭比较实用,就是购买政府债券。政府债券既安全,又比银行同期存款利息高,是中长期储蓄的最佳方式。农村的富裕家庭还可以购买股票,但股票收益高,风险也很大,不宜大量购买,收入一般水平的农村家庭更不宜购买股票。

2. 实物储蓄

俗话说:"仓中有粮,心中不慌。"中国农村家庭目前仍然延续着储粮的做法。大多数农户家里都留有起码可以吃上一年的存粮。储粮是农村家庭储蓄实物的一种方式。通过储粮无疑于开发出"无形粮田",既可以满足未来消费需要,又可以主动应付市场行情的变化,掌握最佳的余粮售卖时机。储蓄棉花也类似于储粮。近年来农村家庭以储物方式来等待卖个好价钱的意识增强了。除了储蓄粮棉之外,有的农村家庭还储油、储肉(熏肉、腊肉)、储家禽、储菜(干菜、腌菜)等。一是供自己长时间食用,二是待客用。储蓄实物对于应对市场风险能力较差的农民来说是必要的,它是农村家庭积累财富的基本手段。

(二)家庭投资

家庭投资主要是指把钱用于家庭经营,即生产性投资。投资经营的收益往往大于储蓄的收益,投资是扩大财富的主要手段。但关键的问题是要掌握如何进行投资的方法。具体包括投资经营发展方向的确定和投资经营中人、财、物的管理。过去农村家庭经营一般靠户主的经验,靠直觉判断,而忽视科学决策与科学管理。在市场竞争中,这种落后的投资经营方式已很难保证理想的投资效果。现在,必须在农村家庭经营中引入企业管理的方法。农村家庭投资经营的基本步骤是:

第一,确定投资经营总的发展目标。根据家庭的实际能力和外部环境条件,作一个三至五年的规划,确定家庭经营发展的方向。是承包土地,还是开办家庭工业;是搞养殖业,还是个体经营;发展的规模多大,需要多大投资额;投资技术水平要达到什么等级等,都要在规划中确定下来。

第二,投资经营中人、财、物的合理安排。为了做到生产经营中人、财、物的合理安排,必须注意以下问题:人员的安排方面,若是确定进行专业投资,主要考虑在家庭成员之外是否需要雇员。若是确定兼业创收的,主要考虑家庭成员怎样安排,如谁搞大田生产,谁管庭院经营,谁出外打工,农忙时间如何调整劳动力。物的配置方面,专业投资经营的家庭主要考虑固定资产、原材料、燃料、工具等的准备状况;经营种养业的家庭主要考虑良种选购和生产资料配套的问题;有出外打工的家庭要考虑路费、行李及行程的安排。流动资金方面,主要考虑当经营中需要临时加大投资时钱从哪里来。产品库存方面,要根据生产进度确定的月度、季度、年度的产品数量、质量、品种和期限来设置储存设备。销售方面,主要是确定销售手段、途径及相应的人、财、物配置。

第三,投资经营中财务的管理。家庭经营无论规模大小,都应有财务计划与管理制度。要有经营状况的原始记录,要将生产资金和生活费用分开计账,注意加速资金周转。

第四，及时调整投资经营目标。在投资经营过程中，当遇到与规划不相符合的情况时，应冷静分析。如果客观环境比设想时更理想，或碰上了难逢的机遇，可扩大投资规模，增加劳动人手，确定更高的发展目标。如果情况变化不利于计划的实施，应及时克服困难，困难一时无法克服时，要立即紧缩计划或者转向。

第五，家庭投资的发展趋势。对于农村家庭来说，除了独立经营之外，还可以合伙投资经营、合股合作办厂、参加经济联合体等。家庭的投资决策包括：与谁合伙，与谁联营，参股哪个股份合作制企业，是以资金入股、劳动力入股还是以土地、房产入股等。专业联合是农村家庭经营发展的大趋势，家庭独立经营发展到一定规模时，就应该考虑与其他家庭或公司联营的问题。

（三）家庭保险

人们常说："天有不测风云，人有旦夕祸福。"一旦遭遇天灾人祸，大多数农村家庭都无法拿出大笔的钱来消灾免祸、维持生计。如果买了保险，保险公司就会根据灾、祸情况，给予相应的补偿。保险最大的意义是化解风险、有备无患。家庭保险是指如何利用个人有限的经济力量，来达成足够的生活、生产保障。以下主要介绍保险种类与家庭投保设计两方面的内容。

1. 保险种类

目前，适合农村家庭的保险种类主要有人身保险、财产保险和责任保险。

（1）人身保险。人身保险是以人的寿命和身体为保险标的的保险,一般分为少儿保险和成人保险。投保少儿险,就是在孩子幼小时买份保险,使他(她)在上学、成家以后都可以受益。少儿保险主要有少儿终身平安保险、英才保险、小博士保险、少儿终身保障保险、小福星终身保险、少儿附加住院津贴保险等。主要适用范围为15岁以下儿童。每年开学,学校和幼儿园要求交30元或40元保险费,主要用于人身意外伤害保险和住院医疗保险,这种保险由学校保存一份集体保险单,孩子出现意外或发生2000元以上的医疗费时,家长要及时与学校联系以便得到保险公司的帮助。成人保险分为医疗保险、保障型保险、储蓄养老型保险三大类。目前,农村很多地方有一种由县乡政府联合保险公司推出的合作医疗保险,其保险费低(每年只缴纳几块钱)、理赔方便,是农村家庭最现实的选择,可作为基本的医疗保险。家庭条件好的,可考虑购买其他商业性医疗保险。储蓄养老型保险既能起到保险的作用,又可在不出险时当作储蓄,在年老时还可起到养老的作用,可谓一险多用。养老型保险主要有递增养老保险、平安长寿险、老来福险、夕阳红养老保险、福安保险、美满人生保险等。适用范围为年满16周岁至60周岁的成年人。保障型保险的主要特点是低交费、高保障,并且多以死亡或高残为给付保险金的条件,主要有平安幸福险、平安家乐险、终身还本寿险、人身意外伤害险等,该类保险只在1年内有效。

(2)家庭财产保险。农村家庭财产保险是以农村居民个人或家庭的房屋、生活资料(如服装、家具、家电等)、家庭农具、已收获的农副产品等作为保险标的的保险(可附加盗窃险)。目前市场上推出的家庭财产保险主要有三种形式:普通型、两全型、安居型。

（3）责任保险。责任保险是保险公司对被保险人因过失对他人造成人身伤害或财产损失，依法应负的赔偿责任进行赔偿的保险。如机动车辆保险包括第三者责任险。当机动车辆因意外事故导致第三者的人身伤害、财产损失，投保人应负的经济赔偿由保险公司代为赔偿。

上述各类保险都有很多险种，农村家庭在买保险之前，要到保险公司去咨询，弄清楚各个险种的保险对象、保险责任和责任免除、保险期限、保险费及其缴纳、保险金及给付等方面的问题。

2. 家庭保险设计

农村家庭保险设计，是指在购买保险之前应确定好投保哪些险种以及投保金额的多少。

（1）合理选择保险险种。选择保险险种的基本原则是：第一，根据自己的需求，选择险种。分析自己的需求时，一定要客观地检视自己在养老、医疗、意外等方面的保障是否全面完善，而不应单纯以主观好恶决定自己的需求。第二，尽量把几个险种进行组合搭配，充分发挥各险种的优势。第三，在人生的不同阶段，对保险的需求是不同的，应该有不同的险种安排。单身时期，家庭负担轻，应投保养老险和医疗险；有机动车辆的，需加上机动车辆险和第三者责任险；独立居住的，还应考虑是否投家庭财产保险。结婚时，一般家庭都购置许多家什，要将家庭财产保险的保额提高。孩子出生后，夫妻双方的责任加大了，一家之主或家庭中主要的经济来源者，一旦发生意外，家庭就会失去主心骨，其他人就有可能陷入生存危机。只有有收入的父母有了保障,家庭才会有保障,孩子才会幸福。所以应在安排好成人的保险之后,再考虑少儿险。意外伤害险实际上是被家庭买来代替一个主要赚钱者。农村家庭应首先把保险费用来安排一家之主的意外伤害险和医疗险,夫妻双方应该是收入高的一方保额高。30～40 岁时,应开始筹划养老金。养老金的准备愈老愈吃力,必须及早准备,最好从 20 岁或 30 岁就开始准备。农村家庭一定要面对现实,打破养儿防老的旧习,靠自己的劳动收入进行养老保险。在 30～40 岁时,家庭负担较重,可投保重保障、保险金额较少的终身寿险。10 年后,家庭负担减轻,便将终身寿险转换为养老保险,提高保费的交付金额,以养老为重点,在转换时也可免去体检问题,这种方式前期重保障,后期重储蓄,是农村家庭资产组合中绝好的一项。孩子满 16 周岁之后,可以为其投保成人险,家庭成员可以从险种搭配中受益。此时,父母为自己投低保费、高保障的保险和医疗险,给孩子做返本快、见效高的储蓄型保险,比如每隔 5 年还款一次且逐次增加领取金的平安长寿险。这种搭配投保的效果是,在孩子退休前领取的钱父母可先享用,父母去世后孩子再继续享用,而当孩子去世时,孙子还可以领取一笔身故保险金,一份保险三代人受益。

(2)确定合适的投保金额。一般来说,保额(当发生不幸时保险公司给付的最高额)应以不同时期年收入的倍数为准。对于单身汉,保额达到年收入的 5～10 倍较为合适;对于三口之家,主要赚钱人的保额应达到收入的 10～20 倍,而老年人的保额相当于其年收入的 5～8 倍较为适合。除了保额适度外,还应考虑自己的支付能力。寿险一般都是长期性保险,其缴纳费也大都采取按年缴纳的方式。为了确保投保人能长期缴费,一般限定投保人的年缴保险费不得超过其年收入的20%,以10%~20%为宜。由于我国寿险市场起步较晚,险种还不丰富,投保人目前最好只投入年收入的10%,待适合自己的新险种出台后再作调整。

三、用财之道

俗话说:"吃不穷,穿不穷,划算不好一世穷。"这实际上说的就是用财的方法问题。以下从消费观念、精打细算、合理支出三个方面分析农村家庭用财的方法。

(一)消费观念

我国农村长期以来所形成的消费观念是以俭朴为核心。在选择消费品时,把价廉耐用放在首位,把美观大方放在次要地位。"俭"是节俭,即量入为出;"俭"的结果是"朴",即家庭生活朴素,仅仅维持在满足生存需要的低水平上,不谈享受性消费和发展性消费。很多农村家庭,甚至在生存消费方面低于最低极限,他们只求吃饱肚子,其营养特征是热量充足,蛋白质、脂肪缺乏。很多人无论是体质还是智力,因为营养不良而难以达到平均水平。这种消费观念的消极作用表现为,对于单个家庭来说不利于提高生活质量,对于社会来说不利于促进扩大再生产。当农村家庭不具有承担一定经济风险的能力,达不到最低的理想生活时,往往只能安于现状,听天由命。节约一直是中华民族的美德,但是随着社会主义经济的发展,农村家庭的消费观念应该有所改变,首先是要采取积极的消费态度。所谓高消费一直是我们反对的,但是高消费并非一无是处,从某种意义上也存在它的积极作用。20 世纪 80 年代,天津大邱庄干部曾对来访者说过一段关于积极消费的话:"农民手中的钱多了,他们就不想多干了,应该想办法让他们感到钱不够花,他们才会努力地工作,努力去挣钱。"于是他们在干部会上宣布:"所有的干部在开会、会客、外出时,一律要穿上顺眼的衣服和皮鞋。谁穿带补丁的衣服出现在这三种场合就要罚款。"直到现在,大邱庄的经济一直很发达,那里的农民很富裕,积极消费对大邱庄经济发展起到了积极的促进作用。这个例子表明,在社会生产力水平和家庭收入水平许可的范围内,适度提高消费水平,是时代的需要,也是社会消费意识更新的出发点。家庭生财、聚财,其目的是为了给家庭生活提供充足的物质基础,家庭生财、聚财的最终目的是为了丰富生活内容,提高生活质量。

当然,高消费不是高浪费。在任何时候,勤俭持家都是家庭生活顺利进行的保证。正确的消费观念应该是树立新的节俭观:第一,节俭是持家的手段而非目的。节俭是为了更合理地消费。节俭的内容应随生活水平的提高而改变。应根据家庭情况选择合理的消费结构。该花钱的地方要舍得花,不该花钱的地方必须节俭,即在不合理的消费范围内注意节俭。节俭不是不讲消费,而是调节现时消费与未来消费、享受消费与生存消费的手段。第二,节俭不仅仅是物质钱财的节约,还应考虑人力节省、时间节省。有些消费品自己动手做能够省钱,但如果耗时耗力,就不如去买,用节省下来的时间和精力生产自己擅长的东西,收入会更高,更合算。第三,消费既要保证生活,更要保证生产。只有在消费支出中增加能促进生产的教育培训等发展性消费,才能保证生产生活的共同发展,保证其他正常消费。现代农村家庭仅仅依靠辛苦及生活上的节省已很难适应商品经济大潮,每个家庭都应把发展性消费提到议事日程上来,更新消费观念越来越重要。

(二)精打细算

精打细算主要是如何节流和控制开支。"精"、"细"要求从具体的细节入手,尽量杜绝哪怕是微小的浪费。其实,不光小的方面要精打细算,大的方面更要精打细算,不合理的消费再精打细算也总归是浪费。

1.计算耐用消费品的总成本

购买价格较贵的耐用消费品时,要慎重处理好一次性支出和使用过程中的费用开支关系。以高压锅同普通铝锅的比较为例:购买高压锅,一次性投资要比普通铝锅多几十元,但使用过程中能节省时间、节省燃料,可减少费用开支。有人做过精细核算,高压锅比普通铝锅一年能节约330多个小时,由于使用寿命为10多年,那么这10多年中,购买和使用高压锅的总开支就远远低于普通铝锅。

2.计算通货膨胀

假如有个农村家庭过两年要给儿子娶媳妇,父母需要为此攒一笔钱,计划是一万元。好不容易凑足这个数目,可是拿这一万元去买东西时,要买的东西还是计划的那几大件,钱却不够用了,必须再添加一部分钱,这部分添加的就是通货膨胀。不计算通货膨胀,计划就不能如愿完成,在做日常生活规划时,必须要考虑通货膨胀的因素,放宽估计。

3.计算购买数量和购买时间

对于某些时尚或易腐烂的东西,算好消费量按需购买,需要时再购买,可减少不必要的家庭开支和浪费。

4.掌握购物省钱的门道

买东西注意看产品的产地,可利用地区差价省钱。对于重要的大件如农机具等,邀集他人合伙买,可利用批零差价省钱。过时货比旺季销价便宜,选在季末购买,可利用季节差价省钱。要买的商品质量上次一点或外观上有点纰疵,但不影响使用功能,就买次一点的,可利用质量差价省钱。现在仿制品很多,如仿毛、仿革、仿金等等,若仿制品在外观与主要功能上与真品相差不远,选用仿制品可省大笔钱。把大把钞票扔到名气不大的"洋品"上,倒不如省点钱买响当当的国产名牌。有的物品各项指标都是"最优",但不一定都对你有用,应选择只有你需要的那几项功能为"最优"的牌子。任何一种物品,一开始上市都很贵,等用户基本饱和,价格自然就会下降,这时去买最合适。

（三）合理支出

简单地说,合理支出就是通过各种消费支出促进人的身心健康和全面发展,促进生产生活良性循环。

1.合理支出的目标

第一,形成节约的习惯。一般说来,在家庭经济不宽裕时,人们会精打细算,而一旦手头宽松了就容易大手大脚。合理支出的目标是培养家庭成员在任何时候都能自觉节约的好习惯。第二,形成合理的家庭消费结构。正常的家庭消费结构应该是先保证生存消费需要,同时千方百计地保证发展性消费需要,有余力时再考虑享受消费需要。如果把这个顺序搞颠倒了,则可能吃饭问题都难以解决,造成家庭经济生活的混乱。对于农村家庭来说,还要以节约费用和时间的原则处理好自给性的消费与商品化消费之间的关系。第三,形成家庭经营观念。充分利用家庭资产和资金,扩大生产投资。合理支出的目的之一,就是要充分集中家庭成员手中的闲散资金,把消费性支出转化为生产性支出。

2.合理支出的保证条件

(1)培养家人良好的消费习惯。一个家庭应根据收入水平、消费习惯和全面发展的需要,确定相应的家庭消费水平,并以此来约束家庭成员的消费行为。应通过建立正确的家庭消费原则来引导家庭成员的消费行为。正确的家庭消费原则是:一切从家庭消费需要出发,注意节约,避免浪费。要注意培养家庭成员健康的消费心理,以削减他们的从众性、攀比性购买。注意抵制和克服各种错误的消费方式,比如像抽烟、嗜酒、暴饮暴食之类的有害性消费,像婚事、丧事大操大办的突击性消费,像过分追求吃穿的片面消费,像买过量的衣服压箱底的浪费性消费等等。要教育家庭成员有意识地防止错误消费行为。

(2)家庭生活要有预算和规划。家庭经济开支有计划,可以防止出现前松后紧,甚至入不敷出的情况。做好收入预算,便于对各方面、各成员的收入按计划进行集中和统一管理。家庭支出预算的作用,在于按计划分配和使用家庭钱财,可以提高钱财利用效率。一般来看,家庭生活中的开支大致分为六项:生存费用,即吃、穿、用、行的费用;赡养费用,即用于赡养老人的费用;发展费用,即用于教育、体育等方面的费用;享受费用,即享受科学、文化艺术的成果及旅游等的费用;交往费用,即人情开支;其他费用,如保险费用等。农村家庭安排生活时,首先要保证必要的生存费用和赡养费用,先把柴、米、油、盐、酱、醋、茶及赡养老人的钱提留出来,其他各项费用根据轻重缓急来安排。有些开支带有季节性,需要预先有所准备,比如入冬前要做好过冬准备,开学前要想到孩子要交学费,过年要想到需要发压岁钱,对于这类有规律性的开支,只要给予留意,就能保证。对于添置大件的大笔开支,尤其要有计划,应在家庭成员之间统一认识,分清轻重缓急,并号召全家为之做出消费调整。意外的开支,经常会有,如大人小孩生病、老人去世、远方来客、人情开支等,应当每月有计划地结余一些钱,储蓄起来,在有意外开支时使用,以尽量减少意外开支对正常经济生活的冲击。

(3)采取合理的支出管理方式。在一个家庭,有一位"财政部长"统筹安排全家收入和开支是极为必要的,可以使家庭经济活动有计划地进行,该集中的钱财能够顺利地归集起来,同时,该花的花了,该省的省了,该存的存了,不会因事务繁忙而忽略了具体的细节问题。但是,财政部长不能搞一言堂,较大的开支一定要全家商量,在开支管理上实行"大集中、小自由"。一般家庭成员身边也要有机动钱财。一些零星开支、紧急事务的处理最好由当事人自己处理。家庭经济民主化有利于增强家庭凝聚力和经济上的统一性。

第三章　恋爱与婚姻

一对男女由恋爱到婚姻,这意味着新生活的开始,它关系到双方一生的幸福,必须慎重对待。但在一些地区,落后的婚姻观念和行为依然存在,它们都极大地伤害了当事人的利益,也常造成婚后家庭的矛盾,有的甚至导致恋爱婚姻的悲剧。因此,了解恋爱、婚姻知识,树立正确的恋爱与婚姻观念,不仅有助于男女双方关系的和谐、美满,也有利于整个社会的稳定与发展。

一、择偶与恋爱

(一)择偶

1.择偶方式

所谓择偶,就是选择婚姻的对象,这是恋爱、婚姻的第一步。在传统的农村家庭中,包办婚姻是主要形式,但随着社会的进步,自主或半自主的婚姻形式逐步占据主导,其中主要的择偶方式有:

(1)托媒说亲。"天上无云不下雨,地上无媒不成婚。"这是汉族婚姻的一种民俗。旧时"父母之命,媒妁之言",造成许多怨偶。但不可否认的是,媒人和说媒现象也成就了不少姻缘。其中不少媒人是男家或女家的亲戚朋友,他们为成人之美,充当红娘、月老。但也有以媒为业的,这些职业媒人平常十分留意当婚小伙子、当嫁姑娘们的各种情况,遇上年龄、门户诸条件相当的,就开始从中撮合,成其好事。请媒一般是男方看上了女方,然后请媒人为自己牵线搭桥。也有男女两家均已有意,两家都请媒人为其出面通话和传递礼物的现成媒。但一般请媒都是请求媒人为其费口舌,奔走效劳,促使婚事玉成。所以请媒时必须送酒、肉、糕点,如今一般是送皮鞋等物,以表慰劳之意。

（2）自许终身。"初浆的衣裳不用捶,美满的婚姻不用媒。"这首民谚道出了青年男女追求婚姻自主的心声。自许终身,各朝各代、各个民族、各个地方都有,但旧时常为世俗所不容。而在某些地方,尤其是少数民族地区,并不严禁,甚至相沿成俗,长期流行。其中自许终身的情侣,往往借助信物定情。所谓信物,即为取信对方的表赠之物。习俗以为,相爱的男女若互相馈赠信物,爱情关系就算确定。如今不论在城市还是在农村,汉族男女青年欲结秦晋之好时,大都由男方向女方赠送一枚戒指,以作定情之物。

（3）现代择偶方式。学校生活、集体劳动和集体活动,为农村青年男女的自由接触创造了更为有利的条件。青年男女由恋爱而订婚至结婚,组成了现代婚姻的三部曲。这种现代婚恋在择偶方式上,大体可分为青梅竹马型、日久生情型、一见钟情型与媒介传情型等四种类型。其中一见钟情型,虽成就了许多良缘,但他们在相爱之后还需多加了解,无须闪电似地匆忙结婚。所谓媒介传情型,就是通过现代的婚姻介绍所牵线,或通过报刊、电台、电视台征婚找对象而喜结良缘。

这些现代婚恋择偶方式与传统礼俗的结合构成现代农村青年择偶方式的主要特征。但无论以什么方式,男女青年择偶时总会按一定的标准来选择、考察对方。

2.择偶标准

每个人择偶标准都有不同,无法、也没有必要强求统一。但从家政学的观点来看,为了今后婚姻的幸福,有一些大的原则是必须要考虑的。

(1)品德。调查表明,当前农村青年择偶时比较看重对方的条件主要有:勤劳能干、会过日子、有养家活口的本领等。除此之外,还应考虑到,夫妻是终身伴侣,要能在人生旅途上同甘共苦。会过日子、能赚钱固然重要,但是善良、富有同情心、重感情、讲道义、对家庭有责任感等品质,更是婚姻的首要条件。

(2)性格。人们总爱用"情投意合"来形容恋人间的和谐美满,但性情相投可能有两种情况:一是两人的个性相近,对事物的看法和行为方式相似;二是两人性格、爱好不同,但相互欣赏。我粗你细,你急我稳,互补互助,也能生活得和谐美满。可见,性情相投并非性格情趣相同。爱情、家庭的和谐、幸福关键在于彼此性格是否相容。

(3)家庭背景。传统婚姻讲究"门当户对",现代婚姻则以男女双方本身是否般配为准,但对于双方的家庭背景,也不能完全不顾。事实证明,家庭背景相近的人,他们所接受的为人处世的观点、方法相近,生活习惯也比较一致,这样,两人婚后也比较容易相处。反之,协调起来相对困难。

(4)健康状况。人的健康包括生理健康和心理健康两个方面。健康的身体是家庭幸福的源泉。一个经常生病的配偶会给家庭增加沉重的负担;一个在性能力上有缺陷的人,更不可能拥有完美的婚姻生活。特别是心理上有疾患或智力低下的人,不仅很难与之共同生活,还可能生育出不健全的后代,给家庭生活蒙上一层阴影。当然,这并不是说绝对不能去爱一个身体不好的人。但如果你爱上一个这样的人,并打算与之结合的话,首先一定要做好各种心理准备,考虑一下自己能否战胜随之而来的一切困难。如果不能十分肯定,就应该早做决定,否则,只会给双方带来更大的伤害。

(5)年龄。结婚年龄及双方年龄的差距都与婚姻的成败有一定的关系。早婚的夫妻,婚后生活常不太理想,离婚率也较高,这是因为双方心理上的发育尚未成熟,这时的青年性情不稳定,往往遇事拿不定主意,对事物的看法也很幼稚,两个人相处,容易发生磨擦,况且知识、能力未达到一定的水平,处事、养家都成问题,自然会加剧家庭矛盾。当然,过于晚婚也不好,如果结婚时双方已进入中年,思想和生活方式都已定型,再要彼此协调就相对比较困难。因此男女年龄的差距一般不宜过大。因为年龄差距过于悬殊,不仅思想与生活习惯会有距离,而且生理、心理上也不易配合。

(二)恋爱

1.恋爱道德

现代社会,青年男女选择了婚配对象后,就进入恋爱阶段。成功的恋爱会带给人喜悦、兴奋和情趣。失败的恋爱则会使人迷茫、痛苦或气愤,甚至可能酿成悲剧。因此,恋爱中的男女在观念和行为上,必须遵守一些基本的道德规范,以保证爱情的纯洁和双方的权利不受侵犯。

(1)恋爱动机的纯洁性。纯洁的爱情是今后生活幸福的基础。现实生活中有人把恋爱、婚姻当作获得金钱和地位的垫脚石,在谈对象时只看重对方有钱、有权、有城市户口,而不太考虑对方的人品和两人间的感情基础,这会给未来的婚姻埋下痛苦的种子。

(2)相互尊重。相爱的男女双方,没有地位高低差别。如果一方觉得自己条件优越,老想处于支配地位,另一方总是小心翼翼,依附顺从,这样的恋爱没有幸福可言,恐怕不能长久。另外,尊重对方和自己的人格,还表现在恋人之间的行为应节制、检点,即使在热恋之中也不该有越轨的举动。恋人之间行为不节制,往往给以后的交往带来麻烦,甚至影响婚后的夫妻生活。

(3)失恋不失德。失恋确实使人痛苦,近年来,农村中因失恋报复而导致的伤害案件呈上升趋势,不仅使当事人深受其害,还给双方的家庭留下深深的创伤。其实恋爱并不是必须结婚。为了将来婚姻的美满,如果交往中觉得不满意,提出分手是正常的也是明智的。失恋只说明你们两人不适合,并不说明谁无能、谁没有吸引力,或谁骗谁等问题。所以,不必对此感到沮丧、恼怒或灰心。

2.恋爱心理

如何做个成功的恋人? 如何才能真正获得对方的心? 这些都是青年人争相交谈的热门话题,也是个万古常新的话题。从心理学角度来看,成功的恋爱最关键的是要准确把握对方的爱情需求,进而适当的展现自身的爱情魅力。一般而言,爱情吸引大致可分为:外在吸引、心理吸引和社会吸引。

外在吸引主要指人的身高、相貌、服饰等外在特征。它存在两种基本倾向:一是男性比女性更重视对方的容貌;二是相貌在恋爱初期有较大影响。外在吸引的标准主要依据个人的审美情趣而定。比如,一个男子喜欢朴素淡雅,那么对穿着艳丽的女子就很可能视而不见。若他的情趣正相反,那么华丽的打扮对他就有相当大的吸引力。心理吸引包括人的气质、性格、能力等。气质就是人们通常说的"脾气",相互补充的不同气质类型往往能增进爱情的吸引。另外,能力强的人比能力弱的更具吸引力。如女性特别看重男人的智力和才华。社会性吸引主要指人的社会地位、世界观、道德观、物质利益和修养水平等。其中,对爱情首先发生影响的是人的社会地位,因为社会地位的差异往往会成为爱情的障碍。同时爱情要求志同道合,共同的理想能将男女双方紧密地联系在一起。另外,道德观上的一致性,也是爱情产生的条件。例如:当一方认为抚养老人是累赘负担,而另一方认为这是不道德的时候,他们的爱情就会有裂痕。

二、婚姻程序

农村青年现今的成婚、婚礼等有一定的差别,但大体上又是相同的。

(一)婚姻风俗程序

1.婚姻程序

首先,"见面"。这是男女双方相识之机。这一天,多由双方的亲朋戚友陪同,由介绍人牵线相见,地点多是在介绍人或双方的家中。"见面"时间不长,男女双方无自由交谈之便,只是互相看一看,获得相貌、举止等初步的印象。

其次,"看屋"。这是女方家对男方家境的一次实地考察,内容包括住房条件、经济条件、公婆人缘、弟妹脾气等,是成婚过程中关键性的一步。看屋的时候,女方由父母、姑舅、姨等一大帮亲属陪同,浩浩荡荡开往男方家。女方家如果对男方家庭满意的话,当场就可以定下这门亲事。

然后,"行礼"。这没有固定形式。婚约确定之后,男方要通过介绍人向女家交付钱物,以证明婚约成立。另外,逢年过节,双方还要"互走",这是男女双方婚前接触的主要方式。这种接触不能漫不经心,家长和当事人都要认真对待,否则礼貌不周或令人不快,就会有退婚的麻烦。

接着,"定话"。一般是结婚前,男家约请女家商确结婚日期。在男方下聘后,女方则赶办嫁妆,同时履行结婚登记手续。

最后,"迎娶"。尽管婚姻法规定,登记之后"领取结婚证,即确立夫妻关系",可农民在习俗上仍视婚礼为婚姻生效的标志。所以须举行结婚仪式,婚姻关系才算成立。

2. 婚仪程序

(1)结婚典礼行礼程序

新郎新娘登华堂,并立,行拜天地礼,三鞠躬;

新郎新娘对立行交拜礼,三鞠躬;

主婚人登堂,新郎新娘行祭祖礼,三鞠躬;

入洞房行合卺礼,三鞠躬;

新郎新娘行见介绍人答谢礼,一鞠躬;

新郎新娘行见尊长礼,三鞠躬;

新郎新娘行见平辈礼,一鞠躬;

小辈行相见礼,一鞠躬,幼辈回三鞠躬;

来宾致贺两家主婚人礼,一鞠躬;

主婚人出席答谢来宾礼,一鞠躬。

目前,有些农村受城市影响较大,婚礼仪式改在喜宴上由证婚人、主婚人说些吉祥话,然后大宴宾客。这种婚礼仪式方便有效率,也不失热闹。一般喜宴上的仪式如下:

第一,结婚典礼开始,奏乐;

第二,证婚人、介绍人、来宾、主婚人及亲属入席;

第三,男女傧相引新郎新娘入席;

第四,证婚人宣读结婚证书;

第五,新郎新娘交换信物;

第六,新郎新娘相向行三鞠躬;

第七,证婚人致祝词;

第八,双方主婚人率新郎新娘向证婚人、介绍人致谢,三鞠躬;

第九,男女傧相引新郎新娘退席;

第十,奏乐,礼成。

当然,也有观念比较新潮的农村青年采用现代的婚礼模式,如集体婚礼、旅行结婚等,也同样开放热烈、轻松愉快、富有意义,且令人回味。

(2)洞房风俗。一对新人进入洞房,就意味着婚姻生活的开始。各地的洞房风俗极富情趣。①闹新房。这是在洞房内嬉闹新婚夫妇的活动。民间认为,新婚"不闹不发,越闹越发",此外,民间还有"新婚三日无大小"之说,婚后三天,宾客、亲友、乡邻不分辈分高低、男女老幼,均可聚于新房"闹"。闹的方式有"文闹"和"武闹"两种。"文闹"即以出谜语、说粗话的方式让新娘难堪取乐。"武闹"即口出秽语的同时,还动手动脚,遂成恶俗。中间也时有非礼行为,有的新娘无法忍受,竟致酿成惨祸;②长明灯。新婚之夜,房中的花烛要长明不熄,通宵达旦。许多地方流行"守花烛"之俗;③揭盖头。各地方也有不同,辽宁等地是新郎手持秤杆挑去红盖头,取意婚后"称心如意"。湖南祁东一带由婆婆手拿用红纸箍着的两把筷子,轻轻拨掉新娘的盖头,寓意"快快生子";④合卺酒。也称交杯酒、同心酒。新人揭去红盖头后,由喜娘送入两杯酒,先各饮半杯,然后交换,寓从今而后夫妇同甘共苦,相依相存;⑤婚床之俗。汉族民间极重婚床的安放和铺陈。一般俗规是婚前一日,由女方特派夫妻成双、子女满堂的福命夫妻前往新郎家去铺床。

(3)回门风俗。新娘从娘家嫁到婆家,俗称"进门",从婆家回到娘家,故称"回门"。一般在圆房第二天,新娘祭拜夫家祖宗,然后再拜公婆,俗规认为这之后新娘才算正式成为夫家成员。新婚第三天,新婚夫妇双双回门会亲。这作为古老的婚俗礼仪尾声中的一个重要环节,自然得隆重、热烈且彬彬有礼。

(二)婚姻法律程序

1.婚姻的法律条件

男女双方必须符合一定的条件,才能结为夫妻。对婚姻

成立的条件,《婚姻法》中有详细规定,大致内容如下:

"男女双方完全自愿,不许任何一方对他方加以强迫或任何第三者加以干涉。""结婚人的年龄男不得早于22周岁,女不得早于20周岁。晚婚应予以鼓励。""有下列情形之一的,禁止结婚:①直系血亲和三代之内的旁系血亲;②患麻风病未经治愈或患其他在医学上认为不应当结婚的疾病;③应符合一夫一妻制,重婚纳妾是犯罪行为,要追究刑事责任。

上述几条男女双方如果有一条不符合,就不能登记结婚。

2. 结婚登记手续

双方符合婚姻法规定的各项条件,并不意味着婚姻成立,还要到政府有关部门办理结婚登记手续。我国婚姻法第七条明确规定:要求结婚的男女双方必须亲自到婚姻登记机关进行结婚登记。同时,按照《婚姻登记办法》的规定,办理结婚登记的机关,在城市是街道办事处或区人民政府;在农村是乡、镇人民政府。确定登记机关的管辖范围,应以户籍登记为依据,由结婚当事人户籍所在地的登记机关办理。

结婚登记的一般做法是:一是申请。即由要结婚的男女双方,统一持本人户口簿和所在乡或单位出具的民政部统一制定的《婚姻状况证明》,共同到一方户口所在地的婚姻登记机关申请结婚登记,不准委托他人代办。在规定必须进行婚前健康检查的地区,还必须有指定医疗单位出具的男女双方的婚前健康报告。在申请时,双方须填写结婚申请书。如当事人不会填写,可以用口头申请,由登记机关工作人员代填;二是审查。登记机关接受申请后,应全面审查双方当事人,有无不应当结婚的情况。申请结婚的男女双方在回答工作人员时应该叙述清楚,不得隐瞒;三是登记。婚姻登记机关经过审查之后,认为符合结婚条件,即予以登记,并发给结婚证。

只有登记结婚,领取结婚证后,双方的婚姻关系才受法律的承认和保护。婚礼只是一种仪式,并不具有法律效力。举行了婚礼的男女,如果不去办理结婚登记,仍是非法同居,得不到法律承认。

(三)婚前准备

结婚并不是简单的"一加一等于二",它标志着一个新家庭的诞生,它对双方而言,是一种与过去完全不同的新生活的开始。为了今后家庭的幸福,婚前要做好多方面的准备。

第一,心理准备。从浪漫的恋爱转变为平凡的生活,要实实在在地与柴米油盐打交道,还要和对方的家庭、亲朋搞好关系。对于这一切,在结婚之前就应作好心理上的准备。如果一味对婚姻抱着过于浪漫的幻想,婚后就容易措手不及。

第二,身体准备。为了婚后夫妻生活和谐愉快,双方都应以健康的身体,充沛的精力来迎接新婚生活。如果一方暂时生病或身体不适,最好等康复后再结婚。婚礼前后一般事情较多,容易疲劳,又可能烟酒过度,为了下一代的健康,最好不要婚后马上怀孕。

第三,物质准备。家庭生活的幸福与否,虽然不仅仅取决于物质条件的好坏,但也不能完全脱离物质基础。要组建一个家庭,购制家具、日用品、筹办婚礼都要花钱。婚后,除日常生活所用之外,还可能有各种意想不到的开销,需要事先做好准备。

三、夫妻关系的协调

在传统农村家庭,夫妻关系不受重视。但实际上,夫妻间感情的融洽,能给家庭带来甜蜜、温馨的气氛。而且,即使十分情投意合的男女,在婚后漫长的家庭生活中,也难免会发生一些矛盾,甚至会彼此厌烦、怨恨。但这并不意味着婚姻一定会失败,只要双方对婚姻家庭抱着积极的态度,尽自己的力量去维护双方的感情,协调彼此的差异,偶然的争吵、矛盾反而会增添生活情趣,增进夫妻感情。

(一)生活协调

1. 生活习惯的协调

夫妻双方难免会有许多不一致的生活习惯,如一个愿意早睡,一个偏爱迟睡;丈夫喜欢交友热闹,妻子却喜欢清静独处等,日子久了,就会感到难以容忍。为此,夫妻双方在结婚之初就应对生活习惯加以协调,互相迁就、适应,慢慢同化,产生一种小家庭特有的生活习惯,以达到日常生活上的融洽。当然,这是一个缓慢的过程,不能操之过急。

2. 相互协商,平等相待

每个家庭都有自己的情况和习惯,只要夫妻遇事协商,相互尊重,就不会闹矛盾。比如家庭经济问题,夫妻之间对于经济的来源、使用、保管等都要有合理的安排与分配。这不仅是收入低的家庭应科学计划、量入为出,就是经济宽裕的家庭也应有计划、有目的。因为有的家庭,贫困时尚能同心同德,一旦收入增加,便乱花钱,甚至沾染上嫖赌吸毒等不良嗜好,也同样会引发家庭矛盾。

3. 培养生活情趣

婚后因为工作、家务、抚养教育子女,整日忙忙碌碌又平平淡淡,日子久了,婚姻生活就变得空虚呆板。这时即使不生矛盾,也让人觉得单调乏味。因此,夫妻更应注意小节,培养生活情趣。比如,平日夫妻用一些亲昵的小动作来沟通感情;对方为家庭劳累后,说几句亲热的话表示感谢;生日、结婚纪念日或逢年过节给对方送一件小礼物等等,都可以使对方得到很大快乐和慰藉,深感爱情和家庭的美好。

(二)心理协调

1. 相互宽容与理解

夫妻之间难免会有矛盾出现,这时就需双方彼此之间的宽容与谅解。例如:夫妻间的兴趣爱好可以不一致,只要互相容忍,相互影响,还会使家庭生活丰富多彩,妙趣横生。而当夫妻一方大动肝火时,另一方则最好保持沉默。再如夫妻一方性格刚强,那么另一方则要注意柔弱些;一个马虎,另一个则细心些。如此各取所长,相互补充,方能长期和睦相处。又如当发现自己配偶有外遇,一些人会不分青红皂白,大吵大闹,寻死觅活或离婚了事,其后果可能是两败俱伤。但婚外性行为的发生并不一定意味着当事人的道德败坏,或对家庭、爱人没有了责任和感情。所以,还应具体问题具体分析,只要对方仍希望婚姻继续,就应给予其以改正错误的机会。

2. 相互信赖与真诚

婚姻成功的一个秘诀就是夫妻间绝对的信任与真诚,离开了这一点,婚姻的幸福就没有了保障。有的夫妻本来感情很好,但一方心胸狭窄,总怕失去对方,终日疑神疑鬼,甚至对对方的行动多方管束,结果反而因爱而酿成家庭的悲剧。当然,夫妻间也不可能事无巨细都要互相汇报,有时一方怕对方误会或为让对方高兴而扯谎,另一方知道了,应具体分析,体谅对方的良苦用心,不必因此猜疑,心存隔膜。

3. 相互尊重与体贴

传统观念只强调妻子对丈夫的尊重与体贴。但在实际上,妻子同样也需要尊重与体贴。在一个家庭中,夫妻双方应平等相待,不存在谁大谁小的问题。一般情况下,丈夫对外,妻子对内,这是家庭的传统分工。但在农村也有些家庭中的妻子往往内外兼顾,这时丈夫应放下大男子主义,主动帮助妻子分担些家务。同时,夫妻双方应相互支持和帮助,为对方求上进创造条件。如果一方在外遇有不顺心的事,另一方应给予宽心与安慰,使对方获得爱情与家庭的温暖,这无疑会使爱情得到巩固与发展。

(三)生理协调

两性生活是夫妻生活的重要一环,对于这个问题,双方在婚前就应有所了解,建立起正确的观念。

首先,夫妻间的性生活是美好而神圣的,它不仅是一种生理的满足,也是传达夫妻间情爱,表示彼此间温存体贴及深恋的最直接、最热烈的方式。和谐的性生活对家庭的愉快、美满有积极作用,夫妻双方都不应回避或忽视它。有些女性特别是农村女性受封建思想的影响,以为性生活是下贱的,压抑自己性方面的要求,这不仅对生理有害,也容易造成夫妻间的矛盾。

第二,婚后性生活不协调,并非意味着婚姻就将永远没有快乐和希望。一般而言,生理上有缺陷的人是极少的。性生活不和谐多数是因为态度、知识、心理等方面原因,是可以治疗的。因此,碰上这种情况,夫妻双方理应相互尊重、体贴和关心。当两个人的感情越来越融洽、亲密,性生活也会越来越和谐愉快。夫妻双方不要失望懊恼,两个人应共同学习,相互沟通。必要时,请教有关专家、医生,寻求帮助和指导。

第三,性生活虽然重要,但它并不是婚姻的唯一目的。除此之外,也少不了生活上的照顾,思想上的交流和工作上的帮助。只要夫妻双方能调整心态,正确对待,即使没有满意的性生活,也同样可以从婚姻、家庭中获得某种慰藉和满足。

(四)夫妻矛盾的调解

夫妻之间矛盾、冲突是不可避免的。但一般情况下,夫妻双方都能依靠自身来加以解决。所谓"床头吵架床尾和"就是如此。但有的夫妻矛盾激化,双方都难以自我把握,这时便往往需要外部力量来帮助解决。但外部的调解一旦不力,往往会导致婚姻、家庭的破裂。因此,夫妻双方在寻找调解人选时,应慎重考虑,看谁最适合化解矛盾,而不是谁最能替自己说话。当然,大多数的夫妻都会很自然地想到父母、家族长辈、朋友或乡村领导等。在多数情况下,这种外部调解往往也会达到双方都较满意的结果。同时,在小家庭中,子女也经常充当夫妻矛盾调解员的角色,也是最有效的调解者。

四、离婚与再婚

(一)离婚问题

有些家庭因婚前、婚后各种因素的影响，虽经调解仍无法挽回，不得不以离婚告终。离婚并不是完全消极的，但处理不好，容易引起激烈的矛盾冲突，造成严重后果。那么，应该怎样对待离婚呢？

1. 不轻言离婚

离婚并不能解决所有问题，而且往往会带来新的问题。毕竟，离婚是破坏了一个家庭，而且常给感情上留下不易磨平的创伤，对于孩子的影响就更大。所以，夫妻间即使发生了感情危机，也不要轻易离婚。有孩子的夫妇尤其要慎重。

2. 正视离婚

谁都希望自己的婚姻天长地久，但如果夫妻间确实出了无法逾越的鸿沟，最明智的做法就是正视现实、接受现实，并勇敢地开始新的生活。有人出于爱或恨的心理，明知和好无望，却死死拖住对方不放，也有人认为离婚是丢人的事，所谓"好人不离婚，离婚不正经"，宁愿默默忍受痛苦，也不愿解除婚姻，这都是一些不正确的做法。其实，没有爱情的婚姻不仅对双方是个折磨，也给孩子和家庭中其他成员造成痛苦。离婚虽令人惋惜，但并不是丢人的事。敢于正视现实、纠正错误的婚姻，面对未来，是勇气和自信的表现。对于已死的婚姻，离婚不是世界的末日，而是新生活的开始。

3. 维护自己和子女的权益

一旦双方决定离婚，也就没有必要再纠缠过去的恩怨，而应该一切向前看，妥善处理好各种问题。如果有孩子和财产，在处理孩子和财产归属等问题时，应把怎样让孩子少受伤害作为先决条件。对孩子和财产等问题达成一致意见后，双方可到婚姻登记机关办理协议离婚手续。但如果感到自己的合法权益受到侵犯、人身受到伤害，既不要害怕，也不要在绝望中用过激的方式来解决。最好的方法是求助于政府有关部门和懂法的人员,请他们用法律来维护自己的权益。

(二)再婚问题

农村离婚或丧偶的单身中老年人,甚至青年人越来越多。他们中的绝大多数都有再婚的要求。但再婚往往面临比初婚更多的实际问题,常常使他们顾虑重重。其实,再婚与初婚一样,只要夫妻双方同心同德,共同努力,克服困难,也同样能使家庭和睦、婚姻幸福。

1. 再婚心理调适

很多人在遭受婚姻失败或丧偶打击后,往往会立誓永不再婚。同时,在社会舆论与子女的压力面前,更容易使他们形成惧怕心理,导致心理障碍。因此,再婚男女会面临更多的婚后心理调整。

(1)再婚有益健康。从医学角度讲,丧偶、离异的单身生活会导致一种寂寞和孤独感,再婚有利于他们的身心健康,特别是那些在坎坷道路上失去伴侣的中老年人,心灵上的创伤更需要新的理解和情感来加以弥补,而这些从小辈那里是无法得到满足的。单身男女应冲破社会上的一切偏见和误解,理直气壮地去考虑自己的再婚,重建幸福家庭。

(2)消除后父母的社会偏见。不可否认,与亲生父母相比,后父母确实比较难当,对待双方的孩子采取的虽然是同一种态度和措施,但有可能得到截然不同的反映。这里的原因主要是因为社会对后父母的偏见。但同时,我们也常可看到,后父母与继子女之间的心存芥蒂与成见是相互的。因此,要清除这种社会偏见,首先,后父母自身必须消除对继子女的成见与防卫之心,真心实意地把对方的子女当作自己的亲生子女来对待,久而久之,就一定会得到继子女的认可。

（3）再婚夫妻心理协调。再婚夫妻往往存在心理障碍，心理的协调就更重要，也更困难。所以，他们更需要彼此的理解与尊重，信赖与宽容，也更需要彼此的扶持与爱护，耐心与体贴。其中，尤其是初婚感情融洽的一方，再婚后常会自觉不自觉地把再婚配偶与原来配偶进行比较，这种比较常会引发夫妻间的矛盾，因此应尽量避免。

2. 继父母继子女关系的处理

中老年人再婚往往都会面临继父母继子女关系的处理问题。在这种比较复杂的家庭中，继父母与继子女之间的关系如何，常常是家庭是否和睦、安乐的主要决定因素。那么继父母继子女不和怎么办呢？

（1）按照婚姻法的规定，继父母对继子女有抚养教育的义务；继子女对继父母有赡养的义务。继父母不履行抚养义务时，未成年或不能独立生活的继子女，有要求继父母付给抚养费的权利；继子女不履行赡养义务时，无劳动能力或生活困难的继父母，有要求继子女给赡养费的权利。

（2）应该看到，继父母与继子女，能从两个家庭重新组合成一个新家庭，是不容易的，也是一种缘分，所以，应当珍惜这种情谊。彼此应当亲亲热热，互相体贴关怀，使家庭和睦幸福。

（3）双方应热忱相待，互相尊重，继子女更应尊重继父母，在称呼上最好叫"爸"或"妈"，这样，能消除彼此间疏远的心理，增加亲密感。

（4）在吃穿住等日常生活问题上，应平等相待，特别是继父母对待亲生和继子女时，一定要不分亲疏，一样待遇，对谁也不偏心眼，整个家庭就会亲密无间，充满欢乐。

（5）如果继父或继母与继子女间发生分歧矛盾时，亲父或亲母应出面做好子女的思想工作,心平气和地交换意见,消除误解,以便增进团结,使新家庭更加和睦。

(6)如果双方子女发生矛盾,千万不能护着自己亲生的孩子,而应该"护着"对方的孩子,即使是对方的孩子的错,也应该在事后由其亲父或亲母向他指出为好。

3. 老人再婚问题

随着老年人的增加,单身老人的出现率也就增加。因此,老年人的婚姻问题同样应该受社会重视。但是,老年人的再婚问题往往得不到社会,尤其是子女的同情和支持,子女的反对常常造成老年人不再考虑再婚或再婚失败。其实,我国婚姻法规定的结婚自由,不仅是对没有结过婚的男女而言,而且也包括老年失偶再婚。失偶老人再婚,只要根据婚姻法的规定,履行了结婚登记手续,就是合法夫妻,同样得到法律保护,任何人包括子女,都无权干涉。作为子女,也应该看到老人丧偶后,生活十分孤独,虽有子女,也很难从各方面都能得到慰藉和照顾。如果找到了伴侣,很多难以解决的生活问题就能获得了解决。因而,老人的再婚需求是合情合理而又合法的。作为子女,不应该反对,而应当予以支持。否则,只能是弄得家庭吵吵闹闹,不利于团结。如果因此发生种种难以预计的后果,那就懊悔莫及了。

第四章　育儿与养老

生儿育女与赡养老人是每一个农村家庭都要做的两件大事,这两件事情做得如何,不但与家庭生活和家庭幸福有密切关系,而且对国家、对社会也有很大的影响。本章主要介绍优生优育、子女教育、家庭养老等方面的知识。

一、优生优育

生儿育女虽然是每对夫妇自己的事情,但也不能"顺其自然",而应讲科学、有计划。

(一)优生的基本条件

俗话说:"龙生龙,凤生凤,老鼠生儿打地洞",这形象地说明了有什么样的父母,就有什么样的子女。确实,下一代的身体素质和智力水平在一定程度上取决于父母的遗传、母亲怀孕期的身体和心理状况等。同时,养育一个孩子不仅需要金钱,更需要时间、精力和知识。无论从优生还是优育的角度,夫妻都应该从身体、心理、经济等许多方面作好准备。

1.双方身体条件

子女身体的好坏一半受父亲影响,一半受母亲影响,父母体质不好或患有某些疾病,就有可能对后代产生不良影响。按照优生学原则,如夫妻双方或一方患有唇裂伴腭裂、先天性聋哑、红绿色盲等遗传性疾病,应禁止生育。

婚前检查是从身体上保证优生的重要措施之一。通过婚前检查,一方面可以发现一些不适宜结婚的疾病,如麻风病等;另一方面医生可帮助青年男女了解性和生育知识,过好婚后性生活,安排好家庭生育计划。

2. 家庭经济条件

养育一个孩子,需要花费不少金钱。这不仅有母亲怀孕、生产及产后恢复期的营养、医药、住院等支出,孩子出生后的吃、穿、住、保健、教育等,更是一笔不小的开销。所以最好在生育之前对这一切花费作好安排。如果两人刚刚为婚礼、安家花费很多,更应仔细计划,待小有积蓄后再要孩子。

3. 心理和知识条件

为人父母是一次社会角色的改变,必将给夫妻双方带来一种全新的心理体验。夫妻在孩子出生前后应防止出现焦虑、恐惧、厌烦等情绪,尽量以乐观、轻松、喜悦的心情来迎接孩子的降生。

在我国一些农村地区尤其是一些偏远山区,由于经济文化落后,缺乏优生优育的知识,再加之传统习俗的影响等,近亲结婚的现象比较多,还美其名曰"亲上加亲",结果生出了许多畸形儿和痴呆儿。因此,要保证优生,除了了解必要的优生知识外,应严格杜绝近亲结婚。

(二)生育计划

作为未来的父母,应该认真考虑"什么时候要孩子"的问题,这包括两个方面,即最佳生育年龄的确定和受孕时机的选择。

1. 最佳生育年龄

有人认为,婚姻法规定女子20岁可以结婚,那么20岁就是生育的最佳年龄,其实不然。医学调查表明:智力和体质最好的孩子,其父亲的生育年龄在29岁左右,母亲的生育年龄在26岁左右。因此,我国婚姻法规定女子20岁可以结婚,是法律规定的结婚最低年龄,并非是生育的最佳年龄。

2. 受孕时机的选择

优良的受精卵是获得优良胎儿的前提。一般认为,男女双方在受孕期间的健康、营养、环境、气候及精神等因素,都可以影响受精卵的状态。在准备受孕时,应计划行事。那么如何选择受孕最佳时机呢?

(1)在男女双方身体状况最佳的时候受孕。如果双方患有疾病或感到身体疲倦,都不应受孕,以免对生殖细胞产生不利影响。

(2)在男女双方心情舒畅、精神愉快的情况下受孕。良好的精神状态可对生殖细胞产生有益的影响,悲伤、焦虑及情绪消沉时则不宜受孕。

(3)深秋和初冬季节受孕所生的婴儿畸形率高于其他季节受孕的婴儿。这可能与流感病毒及其他病毒感染有关,因此,受孕应避开这个季节。

(4)夫妻一方在服药期间应避免受孕。任何药物对人体都有其副作用,某些药物对胎儿发育影响非常大。此外,口服避孕药者,停药后3~6个月方可怀孕。

(三)优生优育的过程

优生优育的过程,大致可分为怀孕、分娩、坐月子三个阶段。每一个阶段无论对女性自身还是对孩子都很重要,夫妻及家人都应了解每一阶段的生育知识,以便指导优生优育。

1. 怀孕

怀孕在医学上称为妊娠。也就是受精卵发育成胚胎,胚胎在母体中不断长大,直至分娩的过程。怀孕最明显的征兆就是月经停止。如果月经一直比较有规律,却突然错后三周以上不来,就应考虑怀孕的可能,去医院进行检查。

怀孕期间的状况关系着母亲和胎儿两方面的健康,因而显得特别重要。怀孕期保健要点如下:

(1)饮食要营养全面、易消化。一般人都知道怀孕期应注意营养调节,但这并不意味着每餐大鱼大肉,孕期营养过剩会造成孕妇身体肥胖和胎儿过大。所以,妊娠期最好的饮食是易于消化又营养全面的饮食,除保障足够的蛋白质和热量外,还应多吃水果、蔬菜、豆类和粗粮等,同时要注意少吃盐及刺激性食物,多吃含钙和铁的食物。补药应在医生指导下服用。

(2)注意休息、保持心情愉快。怀孕后许多人常感疲倦、嗜睡,这是身体为适应怀孕后变化而产生的正常现象,应顺其自然,多注意休息,待身体适应后,症状就会消失。现代医学和我国传统医学都认为,母亲怀孕时的心情对胎儿发育和孩子未来的性格有很大影响。所以,孕期虽有不适,孕妇也应保持心情愉快,杜绝紧张、焦虑、烦躁等不稳定的情绪。孕妇可经常到空气好的地方散散步、赏赏花,在家听听音乐或读一些优美的文学作品,还可以在休息时静默沉思,在内心里与胎儿交流。

(3)做好产前检查。怀孕期间,孕妇必须定期去医院做产前检查,通过检查可以及早发现和治疗妊娠中的并发症,及时发现和纠正异常情况,减少难产的可能,并初步确定分娩方式。现代医学认为,在妊娠的早期和中期(27周以前)应每月检查一次,在妊娠晚期(28周以后)应每两周检查一次,最后一个月应每周检查一次。

一般人认为,怀孕时讲究优生,孩子出生后才开始优育。但实际上,优育的一项重要内容就是胎教。现代医学证明,自从胎儿有了生命,母亲与胎儿之间就建立了信息联系,包括生理、行为、情感等不同的信息,这些信息以各自特定的方式在母亲与胎儿之间传递。因此,胎教应从受孕后就开始,胎教可分为直接胎教和间接胎教。

直接胎教是使胎儿本身接受刺激的训练,如轻轻拍打孕妇肚子或抚摸胎儿。有条件的农村家庭可以购买一些胎教录音带,从胎儿6个月龄开始天天听,这不仅可以陶冶孕妇自己的情操,也给胎儿发育创造了良好的"宫内"环境。

间接胎教是指通过母亲的情绪和举止言行来影响胎儿的生长与发育。从孕期一开始,年轻的夫妇就应共同创造一种和谐、温馨的气氛;未来的母亲更要以乐观、轻松的态度对待生活,以喜悦的心情盼望小生命的降生,让胎儿充分感受到这种健康有益的心理环境,为其日后身心的健康发展打下良好的基础。

2. 分娩

分娩就是我们常说的生孩子。妊娠已足月(进入第38

周)的孕妇,如果出现不规则宫缩、阴道血性分泌物(俗称"见红")等分娩先兆,预示不久将临产,应送往医院准备分娩。分娩过程从子宫发生有规律的收缩开始,到胎儿从母体产出、胎盘脱落为止,整个产程分为三个阶段:

第一产程,宫口扩张期。阵痛刚开始时是子宫上部收缩时期,慢慢使子宫张开,为胎儿娩出做好准备。第二产程,胎儿娩出期。子宫口全部张开(约10厘米)后,强烈的宫缩使胎膜破裂,羊水流出,并将胎儿压出产道,再慢慢压出母体。第三产程,胎盘排出期。胎儿娩出后,阵痛会间隔十分钟左右,然后又一阵强烈的宫缩将胎盘排出,子宫开始复旧过程。

分娩时强烈的宫缩会引起产妇身体的不适和疼痛,如果对疼痛过于害怕,就会增加疼痛的感觉,紧张、忧虑又会使子宫收缩不协调,子宫颈口迟迟不扩张,使产程延长。产妇阵痛开始后不要紧张、害怕,应稳定情绪,与助产人员配合,在第一产程的阵痛间歇,应尽量放松、休息、节省体力,进入第二产程后随宫缩用力,使胎儿尽快娩出。

3. 坐月子

产后1个月,俗称"坐月子",这是妇女产后身体恢复的重要时期。由于分娩时体力消耗很大,产后妇女身体的抵抗力下降,此时细菌容易侵入,所以必须注意各方面的保健。

(1)产后头两天应充分卧床休息,但要经常翻身,以防子宫在复原时偏向一侧或后倾。产后1~2天,如无身体不适,可以起床活动,但应注意不要站立过久,以免发生子宫脱垂,也应少取蹲位,更切忌从事任何体力劳动。

(2)产后应注意口腔和身体卫生。有些农村地区仍然保留着"月子"里不刷牙、不梳头、不洗澡的习惯,这是非常不科学的。产妇应坚持每天刷牙,如果环境和身体条件允许,也可以擦身或淋浴,应该和正常人一样梳头,也不能太久不洗发,只是洗后要及时擦干。

(3)产后饮食调养非常重要。在我国农村有的地方习惯在月子里只给产妇吃小米粥和鸡蛋,这种做法很不科学。产后1~2天可吃稀饭等半流质食物,以后恢复正常饮食,应多吃含有丰富蛋白质、维生素和矿物质的食物,还要多喝汤,以利泌乳。

(4)产妇和婴儿的卧室需要安静、清洁、冬暖夏凉。要经常通风换气,使室内空气新鲜,但注意不要让风直吹到产妇和婴儿身上。

(5)产后两个月内,严禁性生活。

二、子女教育

俗话说:"子不教,父之过。"父母是子女的第一任老师,家庭是每个人终身受教育的场所。如果希望下一代成为优秀的公民、人才,就应该使他们从小受到良好的教育。

(一)学前阶段教育

学前阶段是指从孩子出生到上学之前的一段时间,实际上包括了乳儿期(0~1岁)、婴儿期(1~3岁)、幼儿期(3岁~上学前)三个阶段。科学研究表明,婴幼儿期大脑的发育速度快,一个8岁孩子的智力水平已经达到成熟智力的80%。学前期还是增强孩子体力、培养良好行为习惯和道德品质的最

佳时期,家长应根据孩子身心的发展规律,科学地加以教育。对学前期孩子教育的要点如下:

1. 教育从零岁开始

对孩子的早期教育,应该从婴儿一出生就开始进行(确切地说,要从胎教开始)。农村的一些家长(特别是老人)以为刚出生的婴儿什么也不懂,忽视了与婴儿间的交流,比如主张尽量不抱婴儿,让他们整天躺在床上(说抱惯了放不下)。其实这不利于婴儿身心的发育,因为新生儿需要各方面的刺激来发展他们的感觉功能。虽然他们不会说话,不大会运动,但他们需要看,需要听,需要肌肤的接触。家长应多抚爱他们,给他们唱歌,让他们看色彩鲜艳的图画。对婴幼儿来说,爱本身就是一种教育,让孩子感受到周围人的关心和爱护,感受到和亲人在一起的愉快和安全,能促进他们身体和智力的健康发展。

2. 重视语言训练

有些农村家庭的父母认为婴儿除了睡觉、吃奶以外,什么都不懂,忽视了对婴幼儿的语言训练,造成他们的孩子语言发育缓慢,有的孩子甚至二三岁还不会说话,智力发育水平明显偏低。农村家庭的父母应改变这种认识与做法,尽可能在日常生活中创造一个有利于婴幼儿学习语言的环境,并将语言训练与日常生活联系起来,尽量做到趣味化、游戏化。如吃饭时教幼儿说"包子"、"饺子",睡觉时教幼儿说"上床"、"被子"等。这样既形象具体,又能起强化作用。此外,教幼儿说话时要避免使用方言土语,更不要说粗话,要从小培养孩子的语言美,使他们的举止谈吐文明优雅。

3. 培养孩子吃苦耐劳的精神

俗话说："吃得苦中苦,方为人上人。"农村的生活条件比较艰苦,家长应注意培养孩子吃苦耐劳的精神。在穿的方面,平时一定要朴素大方。在吃的方面,只要孩子不是太小,要尽可能和家长吃一样的饭菜,不要使孩子养成零吃、单吃、偏吃等不良习惯。要鼓励孩子适当做一些家务劳动,在碰到学习和生活困难时,要启发孩子动脑筋、想办法,自己去克服困难。

4. 培养良好的学习、生活习惯

俗话说："三岁定八十。"婴幼儿阶段是人一生打基础的时期,良好的学习和生活习惯必须从这时开始培养。

(1)要从小事抓起。良好的习惯多表现在日常生活的各种细节小事上,如孩子做事认真的习惯,体现在他不丢三落四,做事有条理,观察细致等等。有些家长面对这些小事,常常听之任之,认为"树大自然直",这是错误的看法。

(2)要注意行为指导。行动养成习惯,习惯形成性格,要形成好的习惯,贵在行动。父母要注重对孩子进行行为方式的指导,只告诉孩子应该做什么、不应该做什么是不够的,还必须告诉他们如何去做。

(3)不能有例外。形成良好的习惯是很不容易的,在习惯形成过程中,常常有相反力量在起破坏作用,因此,培养好习惯必须一以贯之地坚持下去,不能有例外。

5. 与幼儿园教育相配合

孩子满3岁以后,一般要进入幼儿园接受学前教育。有的小孩生性胆小,起初不愿意上幼儿园,这时家长不要强迫他,而应经常带小孩到幼儿园去玩,让孩子熟悉幼儿园的环境,感受幼儿园的乐趣,这样孩子会逐渐胆大起来,进而会主动要求上幼儿园。在孩子上幼儿园期间,家长应负责接送,积极配合幼儿园老师安排好孩子在幼儿园的起居和学习。有些农村家庭因为经济上比较困难,不愿意送孩子上幼儿园,这样一方面使孩子不能受到良好的学前教育,另一方面也给孩子将来上小学带来了很大的不便,因为现在很多学校都规定:不通过幼儿园阶段教育,就不能取得小学入学资格。因此,不管家庭经济多么困难,都要想方设法让孩子进入幼儿园接受学前教育。

(二)小学阶段教育

上学,是孩子成长过程中的一个里程碑。上学后,孩子越来越多地与不同年龄的小朋友交往,体验到家庭以外的人际关系。这时的孩子,思维能力发展很快,想象力特别丰富,常爱提出各种怪问题,并且善于模仿。根据这些特点,小学阶段家庭教育要点如下:

1. 家庭教育不能放松,要与学校教育配合

有些农村家长认为孩子上学后有学校和老师的管理、教育,家长可以万事大吉了。实际上,老师、学校不可能面面俱到,更不能代替家庭教育。特别是孩子刚刚走出家庭,走进学校,难免有许多不习惯、不适应的地方,很需要家长的指点、帮助。

这一时期的家庭教育要注意与学校教育配合。家长要经常与老师取得联系,了解孩子在学校的情况及学校对孩子的要求,协助老师工作。如果对学校、老师的某些做法有不同意见应与老师交谈,协商解决,不要老师教一套,家长说另一套,互相矛盾,弄得孩子不知听谁的。有的孩子还可能学会利用家长反对老师,利用老师对抗家长,最后谁的话也不听,谁也管不了。

2.鼓励孩子多提问题,培养自学能力

有的农村家长自身文化水平不高,对孩子经常提出许多怪问题感到很烦躁,认为孩子是没事找事。其实,爱提问的孩子往往善于观察、勤于思考,是一件好事。家长不仅不该厌烦,还应赞赏孩子的提问,能回答的给予回答,一时回答不了,也不要简单地以一句"不知道"了事,而应鼓励孩子向同学、老师请教。这样既不会挫伤孩子的好奇心,也不会损害家长在孩子心目中的形象。

3.正确惩罚孩子

对某些孩子来说,惩罚是一种不可缺少的教育辅助手段,它对遏制孩子不良思想行为的发展有一定作用。但是惩罚不是体罚,不等于棍棒教育,也不是辱骂或侮辱孩子的人格,惩罚的目的是让孩子知错必改,实施惩罚应采取正确的态度和方法。

(1)不可当众惩罚孩子。例如邻居来告状时,不要指着孩子,当面教训给别人看,因为这会伤害孩子的自尊心,激起孩子的不满或反抗情绪。

(2)不要用本来办不到的事情去吓唬孩子。如对孩子说"你再拿人家的东西,我就打死你","你再考不好,我就不让你上学了"这类话,开始时孩子可能感到恐惧,可后来会因为本来就办不到也就失去了作用。

(3)家长不要以自己当时的情绪为转移,如家长在星期一心情不好,这时孩子犯了点错,就痛打一顿。而在星期五,家长心情愉快,孩子犯了同样的错误,却没有给予惩罚。这样做是教育不好孩子的。

(三)中学阶段教育

中学阶段是孩子从少年成长为青年的时期。在这一阶段,学习的知识越来越多,孩子的观察、判断、推理等思维能力大大增强,他们愿意用自己的观点来看待事物,用自己的方法来分析、解决问题。对中学阶段孩子的教育要点如下:

第一,既关心帮助、又理解信任。随着各方面能力的提高和知识的增长,中学阶段孩子的自主意识增强,他们愿意与同龄的朋友交往,对父母、老师常表现出本能的反抗情绪,自己的心事不愿对大人说。家长对此应给予理解和信任,不要过多干涉孩子的正常交往,要让他们有自由活动的天地。同时,家长作为"过来人",应多关心他们,帮助他们,把自己的人生经验告诉他们,做他们的良师益友。

第二,教育孩子不怕挫折、增强心理承受能力。中学阶段要学习的功课、应付的考试明显增多,要处理的人际关系越来越复杂,孩子可能遇到各种挫折、困难坎坷。这时,家长应帮助孩子分析遭受挫折的原因,找出战胜困难的办法,增强心理承受能力,锲而不舍地朝顶定目标前进。

第三,加强青春期的性教育。进入中学阶段,孩子已开始进入性成熟过程,生殖器官发育较快,并萌发对异性的兴趣,产生性冲动。如果没有必要的性知识,缺乏正确的引导,就可能发生性心理障碍,甚至性犯罪。孩子进入青春期时,家长应特别关注他们身体的发育和心理的变化,教给他们一些青春期保健的知识,解除他们对两性关系的神秘感,引导他们树立正确的恋爱观。

(四)成年阶段教育

成年阶段是一个时间跨度很长的阶段。孩子成年,或者进入大学继续学习,或者自谋职业,或者成立自己的小家庭,这时家长对成年子女的教育在方式上、内容上都要进行更新,具体来说,要做到以下几点:

第一,引导成年子女自强、自主。成年子女人生经验的丰富程度大大超过未成年时期,这时家长教育的重点应是引导成年子女自强、自主。像考大学、找工作、谈婚论嫁、生儿育女等人生大事,应由子女在参考家长意见的基础上自主作出决定,这有利于增强成年子女的责任意识,更好地应对各种挑战。

第二,敢于批评和纠正成年子女的错误。有的家长面对成年子女的错误思想和错误行为,不敢进行批评教育,生怕得罪子女对自己不利。这样做反而会害了他们,最恰当的做法是晓之以理,动之以情,使子女知错、改错。对屡教不改的子女,该责骂的要责骂,该惩罚的要惩罚,不能任其发展。

三、家庭养老

在中国农村,家庭养老既是一种悠久的传统,也是一种古老的制度。孔子早就说过:"父母在,不远游。"家庭成员尤其是子女必须承担养老的义务。

(一)赡养方式

赡养方式,指的是子女对年老父母生活的安排形式。从

我国农村的情况看,主要有以下几种方式:

第一,年老父母分开、各归一个儿子赡养。这种赡养方式既有优点,又有缺点。优点是可以减轻儿子们的经济负担和生活照料方面的负担;缺点是父母要分开过,如果两个儿子的家相距较远,父母之间交流的机会就相对较少,这不利于他们晚年的感情生活。

第二,父母与其中一个已婚的儿子居住,其他儿子依惯例要均摊老人的生活费用和其他大项的开支如医药费等。这种赡养方式可以比较好地解决年老父母生活安排的问题,因而是农村地区比较普遍的一种。

第三,父母独居、儿子们共同负责其生活费用。这种赡养方式一般在两种情况下采用:一是很多青年人不喜欢和老人住在一起,有些老人也有图清静、少麻烦的想法;二是子女在外地工作,两代人只好分居两地。这种赡养方式的毛病是当父母体弱多病时,往往不能照料自己的生活,影响晚年生活的质量。

第四,吃伙头。父母或其他老人轮流到各个儿子(或孙子)家中吃饭,一般情况是每家吃 10 天,也有以旬或月轮流的。在这种情形下,兄弟们共同的亲戚来做客时,其饮食安排与老人相同,即要跟着老人吃伙头。

吃伙头是一种比较理想的老人赡养方式,一来显得公平合理,大家的父母大家养;二来使老人的生活有最基本的保障,而且每隔一段时间都可以吃得稍好一点;三来能使负担均分,不致于特别加重某一个儿子的经济负担。正因为有这些好处,吃伙头这种赡养方式在我国南北各地的农村广泛存在,只是在称呼上存在着一些差异。比如在山东藤县被称为"吃数字"，在河北遵化被称为"流管"，在安徽凤阳被称为"吃挨家饭"，在广东韶关被称为"跟食"等等。

不过，在社会文化和思想观念日趋多样化的今天，吃伙头的做法也容易出现一些不尽人意的现象。比如有的家庭借用吃伙头来虐待老人，当轮到老人（尤其是丧偶的老婆婆）到家中吃饭的日子，儿媳妇便有意把伙食标准降低。有的兄弟分散居住在不同的居民点，相互间离得较远，使得老人很不方便，甚至刮风下雨时仍要走东家过西门，个别老人会因此病倒或受伤。

上面所例举的都是一些传统的家庭养老方式。其中每一种方式都各有优缺点，到底采用哪一种方式来赡养老人，每个家庭应根据自己的实际情况而定。现在随着农村经济的发展，一些经济发达地区的农村开始兴办敬老院，收入水平高的家庭在老人自愿的情况下将老人送入敬老院养老，这可以说是"家庭养老"的一种现代形式。如果敬老院离家不远，子女探望方便，所谓分而不离，加之敬老院养老管理完善，则这是一种比较好的选择。

在赡养方式确定以后，子女们就应履行各自的义务，细心地照料老人的日常生活，关心老人的身体状况和心理状况，使老年人生活愉快、健康长寿。为此，子女们要做好以下几方面的事情：

第一，安排好老人的作息时间。农村家庭的作息具有较强的季节性，在农忙时节往往是早睡早起，在农闲时节则往往变得没有规律。子女不要以自己的作息时间来要求老人，应保证老人有充分的睡眠时间。有些老人的睡眠时间可能比较长，对此，子女不要责怪他们。

第二，安排好老人的饮食。一般来讲，老人的消化功能开始衰退，胃口不如青年人好。因此，在安排老人饮食时，要做到饭菜清淡、有营养、易消化吸收，并且一日三餐应有规律。有些老人已没有几颗牙齿，不能吃硬的食物，此时子女应做一些容易咬烂的食物给老人吃。有些农村老人有饮酒的嗜好，如果老人喜欢喝高度白酒、酒量又大，子女们应耐心规劝老人改变这种习惯，让老人适当喝一些自家酿制的米酒。还有一些老人有吸烟的嗜好，并且喜欢吸自制的旱烟。子女们应让老人明白吸烟有百害而无一利的道理，尽量减少吸烟的数量。如果老人自己有戒烟的愿望，子女应积极配合老人戒烟。

第三，安排好老人的日常活动。在老人身体健康的时候，子女可以让老人参加适当的体力活动。比如帮助照看小孩，喂养一些鸡、鸭，看管翻晒的粮食，煮饭炒菜等等。有些农村的老人喜欢走东家逛西家，拉拉家常，玩玩扑克，只要老人不是整天不归家，子女们就不要横加干涉。此外，子女应尽量不让老人干重体力活。

第四，关心老人的身体健康。要使老人健康长寿，子女们一方面要保障老人的饮食营养，另一方面要督促老人适当锻炼身体，比如散散步、做做操、打打太极拳、练练气功、参加一些文娱活动等。应特别注意的是，由于老人身体上的变化和器官功能的衰退，老人容易得病，而且一般发病缓慢，早期症状不明显甚至无症状，因此，子女最好定期带老人去医院体检，做到无病预防，有病早医。

第五，关心老人的心理健康。人到老年心理和行为会发生一些变化，比如爱唠叨、自尊心特别强、不愿小辈顶撞自己，甚至有"反童现象"，喜怒无常，见别人有好东西自己也想要等等。这些都是正常的心理变化，做子女的要多谅解。此外，人年纪越大，怀旧情绪越强烈，喜欢谈论过去的事情，对此子女不应该厌烦，更不能责骂老人，以免伤害老人的自尊心。

（二）敬老与爱老

在我国农村，一些家庭把赡养老人仅仅理解为照料保障老人的物质生活，很少从精神上关心老人。很多老人因此常常感到孤独和苦闷。有的农村青年甚至视老人为累赘，经常对老人恶语相向，严重伤害老人的自尊心，有的老人因忍受不了子女的这种态度而自寻绝路。作为新一代农村青年，既要从物质上赡养老人，又要从精神上关心老人，尊敬与爱戴老人，具体来说要从以下几方面努力：

第一，让老人感到自己在家庭生活中的重要。子女做一件事情，只要可能，都应先与老人说一下，听取他们的意见。如果老人一时不能接受你的想法，最好也要在说服上下功夫，至少取得他们的谅解。不要自己一旦成年独立，就把老人的意见看作不必要，错误地认为征求上辈人的意见是不独立的表现，甚至把老人的主动关心看作是"多管闲事"，这样会挫伤他们的自尊心，引起他们的不满和气愤。

第二，避免与老人发生正面冲突。当子女发现自己的想法与老人不一致时，甚至在老人的看法错误而又非常固执的情况下，做子女的都要防止火爆急躁和任性，避免与老人发生正面冲突。如果冲突已经发生，就要善于处理。首先，自己错了就要勇于承认,争取老人的理解和宽容;其次,在老人不对的情况下,做子女的也要学会"送梯子",让他们体面地下台阶。在遇到老人不好意思向自己认错时,不要逼迫他们,否则会伤害他们的自尊心。

第三,不要以"新"自居。当老人对自己"话说当年"时,做子女的不要把自己看成新事物、新观念、新潮流的代表,有意无意地用"保守"、"僵化"来嘲笑他们。要体谅老人对新事物的理解和选择有一个过程,要学会尊重老人的知识、经验和智慧,要善于寻找双方感兴趣的话题来交流,要有耐心地听老人"话说当年"。实际上,子女们的新观念也未必都正确。

第四,不要干涉老人的私事。老人有老人的开销和交往,有自己的利益要求。对老人的事,做子女的不要多管,对老人的正常交往也不要干涉。如果你的父亲或母亲失去了配偶,不要干涉和阻挠他(她)再婚。

第五章 家庭人际关系

一个家庭的内部存在着纵横交错的人际关系,家庭与邻里、宗族之间也要发生各种错综复杂的人际关系。"家和万事兴",家庭人际关系处理得好,可以营造和谐的家庭气氛,提高家庭成员生活的质量。

一、纵向人际关系

纵向人际关系,是指不同代际的家庭成员之间的关系,主要包括父母子女关系、婆媳关系、翁婿关系等。

(一)父母子女关系

一般而言,父母子女间的关系是家庭人际关系中比较好处理的关系,但是,如果不破除一些旧的观念,不掌握一定的沟通技巧,父母与子女间也容易发生冲突。目前,农村家庭中,少数家庭的家长"父权"观念严重,一切家长说了算,天下无不是的父母;也有一些家庭对孩子放任自流,很少管理教育;但更多的农村家庭由于实行计划生育,子女越来越少,便对孩子溺爱娇惯。这些做法都不利于形成良好的父母子女关系。

作为父母来说,在协调与子女的关系时应注意以下几点:

第一,不要总以家长自居。现代社会,"老者为长"、"父为子纲"的传统观念在年轻人头脑中已经淡化,平等观念、民主观念大为增强,做子女的不愿在家庭中总是处于从属地位,听从父母的使唤和命令。做父母的要顺应社会的发展,破除陈旧的"父权"观念,不要对孩子的生活,尤其是成年子女的生活大包大揽,事无巨细都要亲自过问;也不要对孩子的行为品头论足,无休止地唠叨。要学会从家庭的琐事中解脱出来,做到大事清楚,小事糊涂(不计较);学会给子女当家庭生活的参谋,而不是发号施令,做到年龄长一岁,开明增一分。当然,对孩子也不能溺爱娇惯,否则,会使子女产生目空一切的思想和行为。

第二,不要轻易否定子女。与老年人的世故、深沉相比,做子女的在处世上显得幼稚、冲动,甚至不乏荒唐和冒险,他们头脑中许多新奇的想法是父母不能赞同的。但是,做父母的也不要轻易地否定他们,不要以自己的经验为标准去评价他们,因为,很可能是自己落伍了。应该努力把自己的经验和新的知识结合起来,以肯定的态度,帮助子女解决生活中的难题。即使子女的一些想法、行为显得不成熟、片面,也要给他们自己思考、反省的余地,甚至允许他们犯错误,在实践中认识自己。

第三,不要伤害子女的自尊心。当子女犯错误时,要注意批评的方式,批评不要夸大其词,或为一件事数落许多已经过去的事;批评要委婉得体,尊重孩子的感情;不要奚落诅咒他们,更不能体罚、虐待孩子;不要在同龄孩子面前一味地以他人之长比自己孩子之短。

第四,要学会容忍孩子对自己的"顶撞"。当孩子顶撞自己的时候,做父母的不要一概把它看作是不尊重自己,恼羞成怒,更不能在自己错了的情况下还说:"无论对错,做子女的也不能顶撞父母。"而应容忍孩子的顶撞,放下架子,以平等方式与孩子交谈,了解孩子的思想、体验、追求,即使孩子错了,也不要以势压人。这样做不仅可以缓解自己与子女的矛盾,而且还可以进一步增强自己在子女心目中的威信。

第五,父母要注意以身作则。"榜样的力量是无穷的","身教重于言教"。在家庭中,子女往往是听父母所言,观父母所行。父母堂堂正正做人、做事,定会取得子女的信任和尊敬;相反,满口污言秽语,赌博嫖娼,违法乱纪,或说一套做一套,定会在子女心灵上留下创伤,甚至引起意想不到的后果。

在父母子女关系中,父母是起主导作用的一方,但子女也是家庭的成员,对建立良好的父母子女间关系,增进家庭和谐与幸福,也有自己的义务。具体说来,子女应做到:

第一,爱戴父母。这种爱应是无私的,发自内心的。应该明白,即使父母打骂过我们,错怪过我们,他们也是出于对我们的关心和爱护,所以我们不应怨恨他们,而应该爱他们。对父母为我们做的一切,应表示感谢;在父母生病时、心情不愉快时,我们应该给予安慰和帮助。

第二,尊敬父母。子女对父母的孝顺分物质和精神两个方面。在物质方面要做到"养"－－赡养,保障物质上的需求;在精神方面要做到"敬"－－尊敬,给予精神上的安慰。父母养育子女,并不图金钱上的报答,但却希望得到子女的尊重和关心。

第三,帮助父母。为了表达对父母的爱和尊敬,子女应该在各方面帮助父母。比如做力所能及的家务劳动;用自己的经济收入支援家庭,照顾抚养弟妹等。即使已分家单过,在父母有困难时也该全力相助。

（二）婆媳关系

婆媳关系一般是农村家庭中较难处理好的一种关系。"篱笆不是墙,婆婆不是娘"的古训,使许多人产生一种消极的思想观念。在婆婆方面,由于自己做媳妇时没把婆婆当成娘,自然也就不敢奢望媳妇会把自己当作娘,这是中国农村家庭婆媳关系的一个重要现象。尽管所有的母亲都盼望儿子成家立业,但在潜意识里,相当一部分母亲又担心"小麻雀尾巴长,娶了媳妇忘了娘"。而儿子忘了娘的责任,十有八九会被归结到媳妇身上。在媳妇方面,常常把婆婆与母亲比较,认为婆婆不如母亲那样处处为自己着想,那样疼爱自己,因此对婆婆也自然不像对母亲那样贴心和大度。所以婆媳双方都会有心理上的排斥和隔阂。这些隔阂很容易在一些小事上爆发出来,破坏家庭关系,常常闹得大家都不愉快。

融洽婆媳关系不妨从以下几方面努力:

1. 媳妇要孝顺、尊重婆婆

孝顺父母是儿子、儿媳应尽的义务,但媳妇更应主动出面。婆婆往往在意媳妇的行为,媳妇出面孝敬婆婆,可以使婆婆看到儿子、儿媳的态度和孝心,增进婆媳之间的感情。

婆婆是家里的长辈,而且对媳妇的态度比较敏感,所以,媳妇进门后,要多尊重婆婆。为人处世多向婆婆请教,遇到问题多和婆婆商量。要尊重婆婆的兴趣爱好和习惯,千万不要我行我素,不顾家人的生活习惯,更不要出言不逊,与婆婆发生争执。

2.丈夫做婆媳间的"润滑剂"

如果婆媳不和,做丈夫的夹在中间是很难受的。但反过来,丈夫又是协调婆媳关系的关键人物。婆婆对自己的儿子总是亲近喜爱,媳妇当然也爱自己的丈夫,所以当婆媳出现矛盾时,丈夫应该从中调和、劝解。调解人当然要主持公道,不偏不倚,假如难以做到这一点,要尊重老人的自尊心,可以先责备妻子几句,过后再私下和妻子慢慢谈,因为夫妻在家庭中更亲密一些。

丈夫平日也应多促进婆媳之间的了解,增进她们彼此的感情。比如,多对妻子谈谈母亲的养育之恩,多和母亲说说媳妇怎么贤慧体贴,有时为母亲买了一件东西,可以说是媳妇让买的,老人会很高兴。

3.婆婆要关心、爱护媳妇

婆婆应该把媳妇当成自家人,平等相待,关心爱护。婆婆怎样对女儿,也应该怎样对媳妇。尤其在媳妇怀孕期间,婆婆要多问寒问暖,不让她干重活;在媳妇坐月子期间,要尽心照顾,多买些营养品;每逢媳妇生日,要送些生日礼物。俗话说,"人心换人心",婆婆对媳妇的种种关照,迟早会感动媳妇,从而为建立良好的婆媳关系打下基础。

另外,处理婆媳关系,对婆婆来说要注意这样几点:不要对媳妇期望过高;不要总以长辈自居;不要在别人面前说媳妇的不是;不要干涉媳妇的"内政"。

（三）翁婿关系

与朝夕相处或密切接触的婆媳关系不同,除了少数"倒插门"女婿外,绝大多数翁婿之间基本上是客来客往,交往频率相对较低。现代农村家庭中女婿和岳父母的关系一般比较好处理,但并非所有女婿都讨岳父母喜欢,彼此之间也有相处的技巧。

对女婿而言,应该掌握这样几条技巧:

第一,在岳父母面前夸妻子。夸妻子手巧,如夸她会做家务,会织毛衣;夸妻子孝道,如夸她上孝敬父母,下和兄嫂;夸妻子会过日子,如夸她精打细算;夸妻子善良,如夸她心眼好,会待人处事。你多夸妻子,尽管可能言过其实,岳父母肯定高兴。

第二,嘴巴甜但不多嘴。岳父母评论女婿的标准是嘴巴甜不甜。女婿嘴甜,意味着亲近,岳父母在外人面前也脸上有光。所以,女婿要嘴甜,多讲好话。但决不能多嘴,多嘴意味着干涉岳父母的家政,这是岳父母家之大忌。

第三,多奉献,少索取。多提东西到岳父母家去,少派妻子去娘家索取,娘家兄弟、妯娌及岳父母最讨厌的是出阁的女儿回来索要东西。

对岳父母而言,要掌握这样几点:

第一,不要宠爱女儿。小两口子闹矛盾斗气,女儿会向父母倒苦水,这时,岳父母应批评女儿,让她多反思,决不能采取"宠"的态度。否则女儿就会有恃无恐,小两口矛盾就会闹大。

第二,不要过分参政。女儿、女婿家的事,岳父母尽量不要介入。有些父母生怕女儿吃亏,给女儿出主意,如出好主意还可以,如出馊主意,非挑起女婿家矛盾不可。

第三,不要指责女婿。女婿与岳父母的关系,并非一种骨肉关系,二者亲近的基础是相互尊敬。所以,小两口子一旦发生矛盾,千万不要当着女儿的面指责女婿。

二、横向人际关系

横向人际关系,是指无代际关系的家庭成员之间的关系,主要包括兄弟姐妹关系、姑嫂关系、妯娌关系等。

(一)兄弟姐妹关系

兄弟姐妹关系,是由父母子女关系派生出来的一种人际关系,它包括兄弟关系、姐妹关系、姐弟关系、兄妹关系。在我国农村家庭中,姐妹关系、姐弟关系是比较好处理的,因为姐姐、妹妹迟早是要出嫁的,兄弟与姐妹之间,姐妹之间没有经济上(比如遗产分割)的利益关系。但兄弟关系却没有姐妹、兄弟与姐妹之间关系好处理,婚后,他们不仅常住在一起,而且还有遗产分割等经济上的利害关系,由于这一缘故,他们之间的矛盾和冲突自然也就要多一些。因此,这里我们着重谈谈兄弟关系的处理。

处理好兄弟关系,双方都要做到这些方面:

第一,相互尊重、相互关心。俗话说:"乃兄乃弟,如手如足。""千朵桃花一树生,同胞兄弟看娘面。"弟兄之间骨肉情深,彼此要互相尊重,互相关心。做弟弟的首先要尊敬兄长,有事多同兄长商量,多向兄长请教,在别人面前,要给兄长留面子,不能说兄长的坏话,揭兄长的疮疤。做哥哥的也要尊重弟弟,不能以兄长自居,对弟弟指手画脚,发号施令。在相互关心方面,做兄长的多尽点责任,要爱护弟弟,多为弟弟着想,在弟弟需要帮助时,要鼎力相助。当然,弟弟不能依赖哥哥,也要关心兄长,给他以力所能及的帮助。

第二,相互谦让。在日常生活中,兄长要有兄长的风格,要多让着弟弟,不要与弟弟争高低。弟弟也要有谦让的精神,兄让你三尺,你要让兄一丈。在家庭遗产分配等经济问题上,兄弟更应谦让,做到公平、合理,不伤手足之情。不能见利就上,见财就争,更不能因为遗产分配等问题而大打出手,拚个你死我活。在赡养父母方面,双方都要有高姿态,家庭情况好的要多孝敬些;家庭情况差点的,也要尽自己能力,不能借口经济困难,把父母推给对方赡养。

第三,不要介入妯娌矛盾。农村家庭中妯娌发生矛盾是不可避免的,但不要介入进去。有的兄弟在妯娌发生矛盾时,生怕自己的爱人吃亏,也纷纷参“战”,这样,不仅不能解决妯娌矛盾,而且会弄得兄弟之间有意见。

第四,慎重考虑妻子的意见。兄弟发生较大的矛盾,大都在成家以后,这就是说,兄弟矛盾和妯娌是有很大关系的。因此,在遗产分割、赡养父母及其他问题上,兄或弟要慎重对待自己爱人的意见,对的可以采纳,错的要批评和抵制。有的兄或弟,在家一切听老婆的,不管妻子的意见是否合理,他都采纳,这理所当然会遭到兄或弟的反对,结果,不仅问题得不到合理解决,而且还影响了兄弟之间的关系。

(二)姑嫂关系

姑嫂关系,在一个家庭里也是一组比较难处理的关系。

姑嫂关系在我国农村家庭里主要体现为嫂子与妹妹（小姑）的关系（因为大姑多已出嫁）。

处理好姑嫂关系，对妹妹来说，要做到以下几点：

第一，要多尊重嫂子。嫂子虽然是外姓人，但嫁给你哥，她便是你家的成员，她和你是平等的，而且一般年龄比你大。因此，作妹妹的要多尊重嫂子，有事多同嫂子商量；嫂子的事情，不该管的，就不要介入；不要以"二当家"自居，对嫂子呼来唤去。

第二，不要嫉妒嫂子。嫂子嫁到你家后，会引起家庭结构和关系的较大变化。原来，你有什么要求，父母都可以满足，即使和哥哥闹点意见，父母往往站在你一边。现在，父母考虑到整个家庭关系，不会像以前那样护着你，会把一部分爱分给嫂子，当你和嫂子闹矛盾时，父母往往要批评你。这时，你心里肯定会有点不平衡，但千万别嫉妒嫂子，与她在父母面前争宠。嫉妒嫂子，会使你对嫂子这也看不顺眼，那也看不顺眼，从而引起姑嫂之间的矛盾。

第三，不要在父母和其他人面前说嫂子的不是。嫂子过门以后，她希望被家里人和其他人赞扬，说自己是个能干的媳妇。因此，在父母及他人面前，要多说嫂子的好处、优点，不要说嫂子的缺点和不是，更不能搬弄是非，因为这样不仅会引起嫂子对你的不满，造成姑嫂矛盾，有时还会造成婆媳矛盾。

处理好姑嫂关系，对嫂子来说，要注意以下几点：

第一，要多宽容。妹妹年纪比你要小，而且迟早是要嫁出去的，如果她有什么不对，不要斤斤计较，耿耿于怀。如果斤斤计较，没有宽容之心，就会闹个不停，整个家庭就不会有安宁之日。

第二，要关心、爱护小姑。要把小姑当自己的亲妹妹看，当小姑遇到什么事求助于你时，不能不理不睬，应该感到这是对自己的尊重，要以大姐的身份，真诚地帮助小姑寻找解决问题的办法。在生活上，要花点时间和精力去关心小姑，以实际行动证明自己是真心实意待她的。如果事事只想着自己。不关心他人，就会造成隔阂矛盾。

（三）妯娌关系

妯娌关系是家庭中很难处理好的一种关系。农村家庭妯娌之间关系之所以难以处理好，主要有两个原因：一是妯娌是因丈夫的关系走到一个家庭中的，她们之间没有姊妹那样浓厚的感情，关系是很脆弱的，讲话稍有不慎就会引起矛盾；二是妯娌来自于不同家庭，性格、习惯、教养等方面的差异较大，因此，摩擦也就必然大。要搞好妯娌之间的关系，双方必须注意以下几方面：

第一，不要总想占便宜。妯娌之间要谦让，要多为别人着想，不要遇事总想着自己，一有什么好处就往头里抢，总想多占便宜，不吃亏。妯娌之间，只有你敬我一尺，我敬你一丈，你让我一步，我让你三步，相互感动，才能处理好彼此之间的关系。

第二，要多讲对方的优点、好处。妯娌之间都想让家里人说自己好，说自己是个能干的好媳妇。因此妯娌之间要多讲对方的优点、好处，少讲对方的缺点，更不能说对方的坏话。

第三，有话当面说。妯娌之间，有什么矛盾，有什么意见，要当面讲，不能当面不说，背后瞎嘀咕。背后瞎说，人家把你的话添油加醋传递,就会不堪入耳,这样,会把本来不大的小事闹成大事,把小矛盾变成大矛盾。

第四,凡事多商量。家庭中有什么事要办,妯娌之间要真心诚意地相互商量,妥善解决。这样做,一可以表示相互尊重;二可以交流感情,增进友谊;三可以统一认识,有利于团结。一个家庭,只有妯娌们同心协力,兄弟之间才会产生一种合力。

三、邻里关系

俗话说,"远亲不如近邻",尤其在农村家庭之间,一家一户屋檐碰屋檐,田埂挨田埂,邻里关系搞得好,可以互为依靠,互相照顾,对双方的家庭生活都是一件幸事。

(一)邻里互助

邻里互助是指邻里各方应遵循"一个篱笆三个桩,一个好汉三个帮"的古训,发扬团结互助的精神,建立睦邻友好关系。邻里互助的内容和形式是多样化的,最常见的有以下两种互助:

1. 生产互助

现在农村实行的是家庭联产承包责任制,在一般情况下,采取的是一家一户分散经营的方式。但有些农村家庭,青壮年劳动力外出打工或到乡镇企业就业,家里只剩下老人、妇女和小孩,无力经营自己的责任田。在这种情况下,作为邻里的另一方如果劳动力充足,应尽量帮助缺少劳动力的这一方搞好生产经营,具体包括:帮助邻里购买化肥、农药、种子等农业生产资料,作好生产准备;帮助邻里搞好耕田、育种、插秧、施肥、除草等环节的生产;帮助邻里收割庄稼和其他经济作物;帮助邻里储存、销售、加工农产品。现在,随着农村市场经济的发展,农村家庭之间的生产互助也出现新的方式,主要有以下三种:

第一种是委托经营方式。农村家庭通过土地租赁的形式把土地委托给"能人"经营,土地没有流动,但已经实现一定程度上的集中。例如委托代耕、田间作业和收获,收取土地租金,或分享生产成果。有的家庭因转业从事非农业生产活动,干脆将自己承包的土地转包给他人经营。

第二种是合作经营方式。农村家庭用土地、资金、劳动力三要素入股,组成合伙人性质的生产合作社。土地成片开发,选出经济能人经营。这种方式,土地所有权与经营权分离,家庭既可以从劳动中获得工资收入,又可以从土地入股中获得预期收益。

第三种是公司经营方式。农村家庭共同出资建立公司性质的企业,生产完全按现代企业运作方式运作,产供销一条龙,面向区域市场和全国市场,有的还面向国际市场。

2. 生活互助

邻里之间生活互助的内容也很广泛,最主要的是以下几个方面的互助:

第一,家庭之间谦和有礼。"谦"即谦逊、谦让,"和"即和气、和睦。平日与邻居应互相问候,对待邻居家的老人应象自家长辈一样尊重。遇邻家有事,应尽力相助。两家孩子打架,大人不要介入。邻里之间发生点小摩擦在所难免,大家都应该宽容大度,邻里之间,"忍一时风平浪静,让一步晴空万里"。

第二,讲究社会公德。为邻里和睦,应自觉遵守社会公德。在休息时间不要到别人院外高声喧哗,邻居家里有人生病或有丧事,除慰问帮助外应避免惊扰,尤其不要高歌作乐。注意自家环境卫生,不要将厕所、污水池、垃圾站修建在紧靠邻里住房的地方。要管好家禽家畜,防止糟踏邻家庄稼、树木等。

第三,与人方便,自己方便。相邻各方修建房屋和其他建筑物,应与邻里的房屋保持适当的距离,不要妨碍邻居房屋的通风采光。在自己所有的或使用的土地上挖水沟、水池、地窖等,不要动摇邻居的地基,损害邻居的建筑物。

(二)邻里纠纷的化解

在农村家庭之间从每天早晨开门到晚上熄灯之前,常常是低头不见抬头见,实际接触比一般的亲友更为频繁。这种必然发生的接触,一方面为邻里互助提供了有利的条件,另一方面也为产生纠纷提供了可能。

1.家庭之间纠纷的种类及其化解方法

(1)因用水而发生的家庭之间的纠纷。我国农村家庭一般没有城市那样的自来水供应系统,在用水方面往往是同邻而居的家庭共用一处水源,如山里流出的泉水、地下的井水、河流湖泊水等,这样就容易在用水问题上产生纠纷。譬如,有的家庭在天旱时节需要大量引水灌溉时,堵截水流或乱挖沟渠,使其他家庭无水灌溉而引起纠纷。此类纠纷发生后,致人损害的一方应主动排除妨碍,赔偿损失,然后双方就水源的开发利用共同协商。自然流水一般应按"由近及远、由高至低"

的原则依次灌溉、使用。

（2）因越界建筑而发生的家庭之间的纠纷。有的家庭在修建房屋时只想着如何扩大自己的地盘，修屋时越过了地界线，侵占了邻居的土地而引起纠纷；有的家庭单方面修建分界墙、分界沟，越界占用了对方的土地而引发纠纷。此类纠纷发生时，受损害的一方千万不能采取报复性措施，而应与越界的一方协商，请求越界方停止其行为。对一意孤行，继续越界建筑的，相邻方有权请求人民法院依法处理。

（3）互相缺少礼让引起的家庭之间的纠纷。比如对饲养的家禽家畜不严加管理，造成邻里的小孩、老人遭到惊吓和伤害而引起纠纷；两家的小孩争吵打架引起的纠纷；家中有事搅扰四邻事先不通告、事后不道歉而引起的纠纷等等。对于此类纠纷，只要挑起纠纷的一方主动赔礼道歉并承担相应责任，一般就可以化解。

（4）对邻里家庭之间琐事的不当评论引起的纠纷。俗话说，"清官难断家务事"，但有些邻里偏偏喜欢在家庭之间扮演"信息灵通人士"的角色，在邻里之间东家长西家短地扯闲篇。这样做的结果是在本来没有矛盾隔阂的邻里间人为地（当然可能并不是故意地搬弄了一些是是非非）造成了不必要的猜疑和摩擦。比如，对邻里的夫妻关系、婆媳关系、家务劳动分工、消费方式等进行的评头品足，都有可能引发邻里之间的纠纷。对于此类纠纷，进行不当评论的一方应主动认错，然后要想方设法消除不当评论所造成的影响，以求得另一方的谅解。被评论的一方应接受对方的认错，不要对此纠缠不休甚至打击报复。

2. 家庭之间纠纷化解的原则

农村家庭之间的纠纷远不止上面所列举的几种,对不同种类的纠纷自然有不同的化解方法。但是,不管何种原因引起的何种纠纷,其化解都要遵循一些共同的原则。遵循这些原则,可以化大为小,化小为无,促进家庭之间关系的改善。

(1)互谅互让的原则。"待人宽者,人待己亦宽",善于宽容的人也总是能得到别人更多的宽容。在化解纠纷的过程中,各方要坚持互谅互让的原则,大处讲原则,小处讲风格。得理要让人,输理要服气。不能把已经过去的事情作为"有把的烧饼",也不能"醉死不认这壶酒钱"。

(2)捍卫自身正当权益的原则。社会生活的复杂性决定了家庭之间的纠纷并不总是鸡毛蒜皮的小事情。对邻里中的害群之马,决不能心慈手软。一旦遭遇,就要拿出战胜邪恶的勇气,运用法律武器,斗智斗勇,运用舆论的力量争取社会支持,依法捍卫自身的正当权益。

四、宗族关系

在我国农村中,是以血缘关系家庭为基础,形成了宗族这种亲缘群体。宗族关系在农村中占有重要地位,对农村家庭的生产方式和生活方式有着很大的影响。

(一)宗族关系的协调

家庭是宗族的基本构成单元,一个宗族要维持自身的存在和发展,首先必须协调好宗族内部各家庭之间的关系,使宗族的职能得以正常发挥。

第一，情感交流与满足。处在现代社会的农民，面对快速变化的社会，常常感到无所适从，他们需要一种具有强大凝聚力的情感来充实他们的精神生活，宗族的存在恰好能满足这一要求。一些宗族通过修族谱、建宗祠、祭祖先、立族规等活动来强化宗族观念，加强族人间的联系。有些地方，利用传统节日的机会，进行联宗串族活动，即唱族戏、舞龙灯、开庙会等，这些宗族活动使同族人普遍有一种心理归属感。

第二，行为控制和利益保护。农村中的宗族主要利用族规、宗约、祖训来约束控制族民，使他们的言行举止符合所谓的伦理纲常。族长是族规的执行监督者，如果谁违背了宗族的族规，就要受到宗族的制裁，即所谓"正以家法"。此外，宗族还保护其族内家庭成员不受外人的侵害，一旦宗族成员的人身或财产受到外人的侵害，宗族势力就要出面为受害者讨回公道。当然，不管是"正以家法"还是"讨回公道"，都不能触犯国家的法律法规，不管谁违法，都将受到法律的制裁。

第三，互助共济。对于族内的孤儿寡母和其他贫困人家，宗族进行帮助和救济；对因遭受自然灾害等原因引起的生存危机和宗族成员生老病死等事情，宗族也进行资助，即所谓的"通族共事，则相助亲睦"，其中一种方式是通过宗族集体财产对贫困成员实施救济，但对违反族规或犯有其他错误的人，一般就不再帮助。另外，在我国一些农村地区，很多宗族成员内部联合起来出钱出物出人来办企业、建合作社，这在客观上推动了农村商品经济的发展。

（二）宗族矛盾的处理

在我国农村，一个宗族往往由几十户家庭甚至几百户家庭所组成,家庭与宗族紧密联系在一起,在宗族内部存在着错综复杂的关系,这种关系是农村家庭关系的一部分,稍有不慎,就会引发宗族内部的矛盾。

第一,争夺宗族财产引发的宗族矛盾。在一个庞大的宗族内往往存在本宗族共有的财产,如房屋、地产等。宗族内的某些家庭往往想方设法将宗族财产据为小家庭所有。如果多个家庭同时看中某一项财产,就可能公开争抢,大打出手。对于这类矛盾,主要是通过建立健全族规宗约来预防和处理。

第二,加重族民负担引发的宗族矛盾。在宗族内部,族长是最高的权威。一些族长借祖宗名分强迫族民交纳各种款项,如修谱款、建祠款、祭祖款等等,由此加重族民的负担而引起一些族民的不满。对于这类矛盾,处理的办法是尊重族民的意愿,对确实经济上有困难的族民不可强迫他们缴款。

第三,进行不当干预引发的宗族矛盾。这里有两种情况:一是不当的经济干预引发的矛盾。在宗族内部,由于人们习惯于把家庭经济纠纷作为家务事来看待,所以争取族亲支持是许多当事人的选择,不少族亲也乐于扮演裁判人的角色。比如,在兄弟间的经济纠葛中,宗族中有的人支持兄长,有的人支持弟弟,就会造成双方的矛盾。二是族中长辈干预晚辈的私人生活引发的宗族矛盾。有的族中长辈对晚辈的婚姻大事横加干涉,某些族长甚至对于子孙还拥有主婚权;有的晚辈不能传宗接代,就意味着断了"祖宗血食",长辈于是用宗法来处置他,这些都可能引起宗族内部的矛盾。对于此类矛盾,作为晚辈不要公开顶撞长辈,可以先回避一段时间,待长辈气消后再和他讲道理,必要时借助法律来维护自身权益。

第六章　家庭礼仪

　　中国素有"礼仪之邦"的美誉。家庭礼仪是指家庭成员在家庭生活中与人交往所必须遵循的礼貌、礼节等行为规范。家庭礼仪源远流长,内容十分丰富。本章主要介绍农村家庭的起居礼仪和应酬礼仪。

一、起居礼仪

　　在农村家庭生活中,不仅要与家庭中的长辈和晚辈进行交往,而且要与家庭的亲戚朋友和邻里进行交往,因此,必须掌握交往中的称呼礼仪、致意礼仪和交谈礼仪。

(一)称呼礼仪

　　称呼是交往的开始。在任何场合与人见面,都必须得体地称呼别人。热情、谦恭、有礼的称呼,不仅表示对别人的尊重,而且能反映一个人的家教和修养。因此,掌握称呼礼仪,十分重要。称呼礼仪主要有以下几种:

1. 谦称

　　谦称是表示对他人尊重的方式,是农村家庭礼仪最重要的内容。主要有三种形式:第一,谦称自己。一般情况下,称自己为"我"或"本人"等。但在现代,普遍流行借用古代的一些谦称词,如称自己为"鄙人"、"在下"、"愚"、"晚生"、"晚辈"等等。第二,谦称自己的家属。在称呼比自己辈分高或年岁大的家庭成员时,常冠以"家"字。如"家父"、"家母";在称呼自己同辈家庭成员时,常冠以"愚"字,如"愚兄"、"愚弟"等;在称呼比自己年龄小或辈分低的家庭成员时,常冠以"舍"字或"小"字,如"舍侄"、"小女"、"小儿"等等。第三,从儿、孙辈称谓。即从自己子女或孙辈角度出发称呼别人。如称别人为"××叔叔"、"××伯伯"、"××阿姨"、"××爷爷"、"××奶奶"等等。

2. 敬称

敬称是表明自己对被称呼人的谦恭和客气。通常使用的词有:"您"、"您老"、"您老人家"、"君"等等。敬称中对"老"一词有两种用法:一种是对年龄稍微比自己大的人,可用"老"加"姓"的方式,如"老李"、"老王";另一种是对年龄明显比自己大得多的年长者,可用"姓"或"老"的方法,如"李老"、"王老"等。但在农村中,最主要的敬称是"老人家"。

3. 通称

通称是一种不区分被称呼人的职务、职业、年龄,在农村中广泛使用的称呼方式。在中国农村的 20 世纪 70 ~ 80 年代比较常用的是"同志"一词,现代农村也比较流行用"先生"、"太太"、"小姐"、"女士"、"夫人"等等。这主要在经济发达、城郊地区或者在喜庆时的称呼。

4. 职业称谓

在比较正式的场合,农村往往习惯于使用职业称谓,这带有尊重对方职业和劳动的意思,同时也暗示谈话与职业有关。如称"师傅"、"大夫"、"医生"、"老师"等等。使用时可在前面加上姓氏,如"赵师傅"、"王大夫"等。

5. 职务称谓

这是以被称呼人的职务相称。如"××书记"、"××村长"、"××乡长"、"××主任"、"××经理"、"××校长"等等。这主要显示称呼人对被称呼人的地位的尊重。

6. 亲属称谓

这是对非亲属的人用以亲属称谓的称呼。在我国农村家庭称呼中,亲属称谓已经泛化,即一般都不直呼其名。这种泛化不仅可以表示对对方的尊重,还能传达某种亲情。但这种方法,常用于非正式交际场合。如果发现对方年龄与自己差别不大,可称之为"××大哥"、"××大姐"或称为"××老弟"、"××小妹"等;如果发现对方年龄比自己稍大,可称之为"××大伯"、"××大叔"、"××大姨"等;如果发现对方年龄比自己要大得多的老人,可称为"××大爷"、"××大娘"或"××爷爷"、"××奶奶"等等。

(二)致意礼仪

见面时,相互致意以表示尊重的礼仪多种多样。在我国农村家庭礼仪中,随着社会的发展,致意礼仪也在发生变化。如名片礼、拥抱礼、点头礼、吻礼等等也开始流行。以下就我国农村中最为常用的握手礼、鞠躬礼作些介绍。

1. 握手礼

握手礼不但在相互见面与离别时经常使用,而且还可以作为一种祝贺、感谢或互相鼓励的表示。握手礼是农村家庭礼仪活动中最常见、应用最广泛的一种致意礼节。

握手礼有两种形式,即单手握和双手握。采用单手握时,上身要稍微前倾,目视对方与之右手相握,并可适当上下抖动以示亲热。握手时要是发自内心的诚意,才能收到良好的交际效果。采用双手握时,是为了表示对对方加倍的亲热和尊敬。一般应同时伸出双手握住对方的右手或双手。这种方式一般只适宜于年轻者同年长者、身份辈分低的人同身份辈分高的人、同性朋友之间握手时使用,而男女之间握手一般不宜采用这种方式。

握手礼有三个基本要求:第一,握手对象与先后顺序。通常是年长者、职位高者、女士等先伸手,然后年轻、职位低者、男士等及时伸出手来迎接。客人来访时,主人应先伸手,以表示热情欢迎;告辞时,客人应先伸手,以表示真心感谢。若主人先伸手,就有逐客的嫌疑。朋友和平辈之间,谁先伸手,一般不作计较。但谁先伸手,则谁更为有礼貌。男女之间握手,男士绝不要先伸手,以免有占人便宜的嫌疑,但若男士伸出了手,女士一般不要加以拒绝,以免男士尴尬。第二,握手的时间和时机。握手之前要细心观察,选择恰当的时机,应尽量避免多次伸手均不成功的尴尬局面。握手时间的长短可根据双方之间的亲密程度灵活掌握。一般来说,握手时间不宜太长。初次见面时,握一、二下即可,切忌握住异性的手久久不放。即使与同性握手也不要时间太长,以免对方欲罢不能。第三,握手力度以不握疼对方的手为限度。切忌用力过猛,但若完全不用力,会给对方留下缺乏热情或敷衍应付的印象。尤其是男士与女士握手时用力要轻一些,切忌用力抓住女士的手,只需轻轻握住女士手指部位就行。

　　握手时还应注意以下礼仪:握手时,不要左顾右盼,心不在焉,以免冷落对方;同客人见面或告别时,不要跨门槛握手;伸出右手与人握手时,左手应自然下垂,不要将左手插在口袋里;男士不要戴着帽子和手套与人握手,应先摘下帽子或手套,再与人握手;军人、警察可不用脱帽,但应先行军礼等,再与人握手;不要用左手同人握手,除非右手有疾或太脏,在这种情况下,应先向对方说明原因并道歉;人多时,不要抢着握手,更不要交叉握手。

　　从握手之中还可以看出人与人之间的感情深浅和关系好坏。当对方久久地、强有力地握着你的手,而且边握手边摇动,说明他对你的感情是真挚而热烈的,或说明两人关系较好;如果对方握手时连手指都不愿弯曲,只是敷衍地把手伸给你,就说明他对你的感情是冷淡的,或者两人关系只是一般;当你的话还没有说完,对方就把手伸过来,说明你说的话在对方那里没有任何意义,应尽早结束谈话,识时务地及早抽身等等。

　　2.鞠躬礼

　　鞠躬礼发源于中国。在先秦时期就有鞠躬一辞。当时是指弯曲身体的意思,代表一个人谦逊恭谨的姿态,后来逐渐形成为弯身行礼,表示对他人的敬重或感谢的一种礼节。在我国农村家庭礼仪中,鞠躬礼比较流行,特别是红白喜事之中,主人对客人行鞠躬礼者更多。

　　鞠躬礼有两种形式:一种是三鞠躬礼,即一连三次深深弯腰行礼,表示对他人的敬意或感谢。另一种是一鞠躬礼,即只进行一次弯腰行礼。

鞠躬礼的基本要求是:两脚立正,目光平视受礼的人。可根据不同场合和情况来决定行礼的深度(即弯腰的程度)。一般迎客鞠躬为30度,送客鞠躬为45度,90度的深鞠躬一般用于比较正式的场合,如婚礼、葬礼等。如果在行鞠躬礼时或行鞠躬礼后,可同时说一些像"您好"、"早上好"、"欢迎光临"等之类的问候和感谢的话。鞠躬时,目光向下看,是表示一种谦恭有礼貌的态度,不可以一边鞠躬一边翻起眼睛看着对方。鞠躬时嘴里不要抽烟或吃东西。行完鞠躬礼后,双眼应有礼貌地看着对方,不要马上将目光移向别处,否则是不礼貌的行为。

鞠躬礼适用的范围很广,但最适用于喜庆欢乐或庄严肃穆的仪式。如举行婚礼时,无论是城市,还是农村都保留着新郎、新娘行三鞠躬礼的传统风俗。这就是婚礼中的一拜天地、二拜高堂、三是夫妻对拜。有时,新婚夫妻为了表示对前来祝贺的亲朋好友的感谢,往往也行鞠躬礼。在举行葬礼时,前来参加追悼的人们往往都要向死者行鞠躬礼,而死者的家属也对前来悼念的人们行鞠躬礼,以表示感激。

(三)交谈礼仪

农村家庭成员参加各种社交活动,往往离不开交谈。交谈是一种有来有往、相互交流、加深感情、交换信息的双边或多边活动,所有参加交谈的人互为发言人和听话人。人与人之间交往活动是否取得成功,在很大程度上由交谈是否顺利进行所决定。因此,要想交谈取得成功,不仅要掌握谈话的技巧,还必须掌握交谈中的基本礼仪。交谈中一般要注意以下几个问题：

1. 保持正确积极的态度

交谈时，不管是你想了解别人，还是别人想了解你，都是为了加强相互之间的关系。因此，谈话双方都要保持正确积极的态度。正确积极的态度就是以真诚热情、不卑不亢、相互尊重、平等谦敬的态度参加交谈，并且在交谈中始终充满自信。如若谈话时语无伦次，唠唠叨叨，或手足无措，冷淡猥琐，就会使人大大失望，甚至会认为你谈话没有诚意，或者会认为你说话能力差，从而不再愿意与你交谈和联系。

2. 选择恰当的话题

交谈中话题的选择很重要。话题的选择要掌握以下要求：要选择双方感兴趣，有实际意义的话题。要考虑各种限制和忌讳，如话题不要涉及个人隐私、国家机密、民族风俗中有关民族自尊心的问题；不要随意评价别人，更不要攻击谩骂和恶语中伤别人；不要议论那些捕风捉影的"小道消息"等。要选择健康、文明、有积极意义的话题，切忌选择庸俗、低级和无聊的话题。否则，会使别人对自己的品行产生怀疑，甚至中断与自己的谈话和联系。

3. 把握交谈气氛和交谈技巧

交谈气氛和交谈技巧，对交谈效果影响很大。因此，要善于把握交谈气氛，巧妙地制造有利于交谈、有利于相互之间和谐关系形成的气氛。为此，必须做到：一是要善于察言观色，寻找对方情绪高、心情好、有兴趣的时机与其交谈，这时交谈的气氛就会轻松、愉快；二是要善于用对方感兴趣，又乐意谈或发表看法的内容吸引对方；三是要善于用轻松、平和、宽容、理解的态度和心境感染对方。交谈时,语言要生动、活泼、通俗易懂,语气要温和、委婉。如果是自己使用语气不当,要及时真心诚意地向对方道歉和解释;如果是对方说话伤害了自己,要大度地宽容、原谅对方、决不能反唇相讥,甚至恶语伤人。

二、应酬礼仪

家庭生活中免不了要与亲朋好友来来往往,在来往中必须遵循一定的风俗习惯和礼仪规范,才能使双方的关系更加紧密,友谊更加深厚、亲情更加浓厚。我国农村家庭应酬礼仪非常丰富,而且不同地区大不相同,因此,如何搞好家庭应酬,必须掌握以下礼仪:

(一)婚丧礼仪

结婚时的庆贺,丧葬时的吊唁,在我国农村家庭礼仪中已经形成为一定的风俗习惯和礼仪规范。

1.婚礼

当亲朋好友结婚时,人们往往前去祝贺。如果应邀参加婚礼,可向新婚夫妇送些家庭中的陈设、床上用品、厨房用具及美化房间的装饰物或新婚夫妇喜爱的物品,也可直接送钱,以表示自己的祝贺,但要根据自己的经济情况量力而行,不要过分铺张。作为客人参加婚礼,在穿着打扮上既要注意整洁干净,又要注意颜色鲜艳明快,以增添喜庆的气氛,但不要穿着花里胡哨,打扮不要过于招摇,以免喧宾夺主。客人在闹洞房时,要选择一些文明高雅的形式,不要搞低级、庸俗或有辱人格,有伤风俗的恶作剧。结婚时,不要讲排场,比阔气,更不要铺张浪费。客人在喜宴上不要饮酒过量,更不要酗酒生事。

2. 葬礼

亲朋好友去世,应前往吊唁,以表达对死者的友谊或敬意,寄托对死者的哀思,表达对生者的慰藉。如果路途遥远,应采用写信,打电报和电话等方式表示哀悼。如果亲身前往吊唁,应穿深色庄重的衣服,男子可系无花的黑领带,女子的饰物应当简朴,颜色不要太鲜艳,每人可戴一朵白花或戴一个黑纱。应安慰、劝慰死者的亲属节哀,不要提起死者生前的事,以免增加死者亲属的悲伤。应根据与死者关系的亲疏程度,帮助料理后事。参加葬礼时,可以送花圈或其他礼品。在举行葬礼仪式中,应保持悲痛、肃穆的气氛,不可三五成群笑闹,更不可无故退场。死者的家属应向前来吊唁的人们表示谢意,也要向打来电报、电话的人们回复致谢。

（二）寿辰礼仪

在我国,尤其是在农村,亲朋好友生日、长辈寿诞、亲友生小孩或小孩周岁,一般都要前去祝贺,我国各民族中,由于风俗习惯不同,祝寿的方式就有多种多样。如有的习惯是吃长寿面,前往祝寿时就少不了要送寿面,有的习惯是吃寿桃,就要给长者送寿桃,有的习惯是举行寿宴等等。因此,要根据当地风俗习惯,采取恰当的方式予以祝贺,以表达自己的感情和礼貌,但在送贺礼时一定要考虑自己的经济情况,不可强求和攀比。

祝贺生日,在国外有一种最为流行的方式是,为生日者准备一个精致的蛋糕,蛋糕上插上与生日者年龄相当的蜡烛,参加庆贺的人围坐在一起，欢快地唱起《祝你生日快乐》的歌曲，并由过生日的人吹灭蜡烛，然后分吃蛋糕，这种方式既经济又省时省事，在城市比较流行，在农村应该大加推广。

（三）馈赠礼仪

俗话说："礼轻情意重。"在我国，自古以来，人们就用赠礼物的方式来表达相互之间的祝贺、敬意、友谊、感谢、慰问以至哀悼等感情。因此馈赠是一种传递友情或感情的良好纽带。馈赠礼仪，是指在礼品的选择、赠送、接受的过程中所必须遵循的风俗习惯与规范。

1. 礼品的选择

针对送礼对象的特点，侧重于礼品的精神价值和纪念意义，是选择礼品时要注意的两个最基本的问题。具体说，选择礼品要注意以下问题：第一，对双方的关系状态要有清醒准确的把握。在选择礼品时，如果不注意自己与对方之间关系的性质、类型与状况，就容易出现送礼不当。同时在对待老友与新朋、长辈与晚辈、异性与同性等问题上，也一定要有所分别，具体关系具体对待。第二，要了解受赠对象的兴趣爱好。如果所赠送的礼品符合对方的兴趣与爱好，对方就会格外高兴，因为他觉得你很尊重他。不过，不要为了投其所好，而超出自己的经济能力和彼此之间关系的限度，否则，就有可能被对方怀疑你是别有用心。第三，要注意受赠对象的禁忌。禁忌，是因某种原因或习惯对某些事物所产生的顾忌。如，在我国，一般不把与"终"发音相同的"钟"送给上了年岁的人；朋友之间，尤其是在恋爱中的青年男女之间忌讳送"伞"、"梨"等，因为"伞"与"散"、"梨"与"离"谐音。外国人以绿毛龟为宠物，而对中国人送这样的礼物，会感到是一种天大的侮辱。因此，必须注意受赠对象的禁忌。第四，礼品的"轻重"要适当。这就是要根据双方的关系、身份、送礼的目的和场合，加以适当掌握。送礼既不要太轻，也不要太重。一般说，礼品要小、巧、少、轻。"小"是指要小巧精制，易送易存；"巧"是指送礼要立意巧妙、不同凡响；"少"是指礼品要小而精，忌多忌滥；"轻"是指礼品轻重适当，价格不要太高太贵。第五，要选择别人没有的，并具有地方特色的礼品送人。第六，要重视礼品的精神价值和纪念意义。礼品的本质价值在于寄寓和传递思想、感情和友谊，而不在于礼品自身的使用价值和价格。因此，在选择、定制礼品时，要着重考虑礼品的深刻内涵。

2. 赠送礼品的时机与方式

要想使礼品充分发挥在社会交往活动中的作用，还应当注意采取恰当的赠送礼品的时机和方式。一般情况下，以下时机都适宜向对方赠送礼品：在应当道喜之时，如对方结婚、生育的时候；应当道贺之时，如对方升学、晋级、乔迁新居或过生日的时候；应当道谢之时，如受到对方的关心、照顾、帮助之后；应当慰问、鼓励之时，如对方遇到困难、挫折或生病的时候；应当纪念之时，如久别重逢或临行送别的时候；还有在传统节日的时候，如春节、端午、中秋等节日，都可以赠送一定的礼品或纪念品，以增进友谊或联络感情。以上都是比较好的送礼时机，但并不是说，每逢上述时机都非得送礼不可，应根据自己与对方的关系酌情考虑。

赠送礼品的方式也很有讲究。一般来看送礼之前要认真检查一下礼品的质量，如看看瓷器、玻璃器皿有无裂痕或缺损,看看食品是不是新鲜,如果发现有质量问题就不能送,过期的食品更不能送。正式送人的礼品,最好精心进行包装。具体来看,送礼有三种方式:第一种是邮寄礼品,但一般要附一份礼单,说明送礼的原因,并写上自己的姓名。第二种是托人送礼,这就是委托第三人代替自己送礼。当本人不宜当面送礼时,采用这种方式既可以显示自己十分重视又可以避免对方的某些拘谨和尴尬。不过,所托的人要可靠并且在转送礼品时,一定要以恰当的理由说明为什么本人不能当面送礼。第三种是当面送礼,这是一种最为常见的送礼方式。其好处是,既可以利用送礼的机会双方叙说情谊,又可以随机应变,更能体现出本人的诚意。

在当面送礼和托人送礼时,送礼人要面带笑容、目视收礼人,双手把礼品送过去。不要用一只手递送礼品,更不要悄悄地乱塞或偷偷地递送礼品。送礼中,还要说一些得体的话,以表达自己的心愿或心意。

3. 受礼和拒礼

接受礼品时应表现得从容大方、友善温和,既要表现出感谢之意,又不能过分显得喜出望外。要以双手接过礼品,放下礼品后,要与送礼人握手并说一些感谢的话,如"谢谢","太破费了"等。一般情况下,不宜对礼品推来推去或直接要对方把礼品拿回去。如果推辞了半天,最后还是接受了礼品,就容易被人视为虚伪。接受礼品后,可征求对方同意,把礼品包装拆开来欣赏(尤其是工艺品),并当着送礼人的面对礼品称好,接受礼品后,要将礼品放在适宜的地方,不要随意放置甚至乱丢,也不能马上把礼品转送他人,这都是不礼貌的行为。

如果要拒收礼品,应向送礼人认真解释理由,还要感谢对方的好意。拒收礼品,一般要在当场进行,尽量不要事后退礼。如果当时情况不宜立即退还礼品,应在事后24小时之内将礼品退还送礼人,也要说明理由,并表示感谢。

至于还礼的问题,可看情况决定。有的需要即时还礼,有的可以在以后适当时机还礼,也有的表示感谢后不必还礼。

(四)宴请礼仪

宴请,又称宴会,是一种常见的交际活动形式。宴请礼仪在内容上、程序上更为复杂,在规格上、要求上也更为细致、严格。因此,必须掌握相关的礼仪知识,才能科学、得体地搞好宴请活动。

1.宴请的种类

根据宴请内容可分为宴会、冷餐会(又称自助餐)、招待会、酒会(又称鸡尾酒会)和茶会等;根据宴请礼宾规格通常分为:国宴、正式宴会、便宴、工作进餐和家宴等;根据宴请的时间可分为:早宴、午宴和晚宴等,其中晚宴最隆重;根据宴请餐别可分为:中餐宴会、西餐宴会、中西合餐宴会等。

在农村中,最为常见的是家宴,就是在家中设宴招待亲朋好友。家宴又包括有生日宴会、寿宴、诞辰宴会、结婚喜宴等。家宴的具体时间和酒菜可根据主人和客人的喜好安排,同时比较方便自由,更经济实惠。

2.赴宴礼仪

无论是出席家宴,还是正式宴会,都必须注意以下基本的礼仪:

(1)仪表与穿着。仪表能体现出个人形象,也反映着对主人和参加宴会人士的一种尊重。参加便宴时，因为一般都是知心朋友或亲戚，穿着可不必太讲究，只要注意衣着整齐干净、卫生。参加家宴时，赴宴之前最好将脚、脸洗一洗，换上干净的衣服和袜子，不要到主人家换拖鞋时发出难闻的臭味。参加喜宴或工作宴会时，衣着要讲究一些。男士要理发、刮胡子、换上整洁的衣服。穿西服时要注意打领带，不可只穿衬衣赴宴。

（2）注意赴宴的时间。赴宴时不要去得太早，也不要迟到，要根据主人邀请时说明的时间，提前10分钟左右赴宴就行。如果去得太早，主人还没有准备好，会影响主人；如果迟迟不到，会让主人和其他客人久等着急。如果是出席家宴，可根据自己和主人关系的密切程度，适当提前到达，以便帮助主人料理一些事情。

（3）入席。不管参加什么形式的宴请，入席时都要跟主人打招呼，说明自己已经来了，不要让主人再等；还要与其他客人打招呼，不管认识不认识都要笑脸相对，点头致意或握手寒暄；对长者到来或领导到来，如已经坐下了，也应起立让座问好；对女客人要彬彬有礼、举止庄重不要动手动脚；对小孩要问名问岁多加爱抚。总之，入席时一切都要做得自然亲切、落落大方，使赴宴者感觉待人亲切、情同一家。如果有主人或招待人员安排座次时，要听从安排。

（4）入座。宴席的桌次和座次是主人根据被邀请者的年龄、职务等情况而事先安排的，因此，要根据主人的安排或招待人员的指点就座，不要随意乱坐。就坐时应向其他客人礼让，这样会显得你很有修养，才能得到别人的尊重。入座后，坐姿要端正，一般来说，双手应放在餐桌上或交叉放在腹前。

不要两腿跷起或摇晃,不要头枕椅背伸懒腰,也不要斜坐椅子或乱动餐具,不要当众挠首弄耳,更不允许把脚跷踩在他人的座椅上。入座时,不论男女都不要宽衣解带。上菜之前,主客之间或客人之间可以进行简短的交谈,使气氛更加活跃,但不要一人席就等着进食或左顾右盼。

(5)席间礼仪。一般说来,赴宴者在席间不要跑来跑去,甚至大吵大闹。一落座,就要力求坚持到宴会结束。想同熟人打招呼,可以等待祝酒时或宴会结束。想去"方便"一下,应尽量不要引起人注意。用餐时要细嚼慢咽,不要狼吞虎咽,更不要发出响声,以免影响其他人的食欲。取菜时动作要轻要文雅,一次所取食物不要太多,特别是取汤汁较多的菜时,应以汤匙在下面接一下,以免掉在桌上或溅到他人身上。用餐中,不要用手指、筷子、刀、叉、汤匙等指向别人,也不要因为吃得开心忘乎所以,手舞足蹈,以免失礼。当主人敬酒敬菜时,要注意起身表示感谢,并适当回敬对方。对同桌的人,特别是老人、小孩要主动谦让和关照、不要自顾埋头闷吃。对桌上的共用餐具,用完后要马上放回原处,不要长时间拿在手中,以免影响其他人取菜进食。吐出来的骨头渣滓等物,要吐在备好的小盘子里,不要吐在桌上,同时吐物时不要发出太大的声响。喝酒时,一般不要猜拳行令,更不要赌酒,要注意自己的酒量,一般喝到自己酒量的 2/3 即可,以免喝得烂醉如泥,破坏宴会的欢乐气氛。喝酒时说话要注意分寸,不要说胡话和有伤风化的话,尽量做到文明礼貌。

3. 设宴礼仪

农村家庭设宴待客应注意以下礼仪:

（1）请客。主人一般应掌握准备请什么人参加宴会和用什么方式邀请客人。如果邀请的客人比较多，相距又比较远，场面又比较隆重时，可以用送请柬的方式邀请，如婚宴等。如果邀请的客人比较少，相距又近，场面不是太正式太隆重，就可以用口头或电话邀请的方式，如家庭聚会、亲戚相聚等。但是，不管什么形式的宴请，都要说明宴请的时间和地点。

（2）做好准备工作。在家里宴请客人，要准备好酒、菜、烟、饮料、餐具。要安排好席次与座次。宴席上有"首席"、"次席"、"上座"、"下座"之分。以圆桌为例，一般靠近正对大门的墙壁的为上座即首座，可由主人或长者、尊者就坐。下座即末座，通常由第二主人或主人的亲属晚辈就座，一般是以上座的对面座为末座。如果是方桌，则以正对大门墙壁左边为主座，右边为主客座，正对着主座右边的是"下座"。"首席"在农村家庭中是堂屋最靠里的左边为首席，右边为"次席"，以此类推最靠堂屋大门右边为末席。

（3）迎客。在事先约定的时间，主人应站在家门口，迎接每一位来客。客人到达，主人应先伸手与客人相握、并面带微笑，以表示热情、友好、尊重。客人多时，握手要一视同仁，不要让人有厚此薄彼的感觉。边握手，可边亲切地对客人说"欢迎光临寒舍""见到你真高兴"等之类的问候的话。进屋时，应让年长者和客人先进屋，主人应最后一个进入屋内。进屋后，应对客人作些介绍。等候迟到的客人不要时间太久，免得其他客人久等不满。对于早到的客人，可让他们看看报纸、听听音乐、看看电视。或准备棋、牌之类让客人娱乐，并准备一些烟、糖果、点心、饮料、茶等让客人饮用。

（4）斟酒、敬酒、敬菜。斟酒虽然简单，但在农村很有讲究。斟酒时，应准备一个托盘，托盘内放入白酒、啤酒、饮料等。从第一位最重要的客人或辈分最高、年龄最大的客人开始，按顺时针方向绕餐桌依次进行。给每位客人斟酒时，应手持酒瓶，并示意一下，如果客人有不同意见的表示，应更换其他酒或饮料。斟酒姿势要端正，应站在客人身右侧，左手托盘，右手拿酒瓶斟酒，不可身体接近客人，也不要离得太远，斟酒不要太满，也不要太少，以八成酒为好。酒瓶口不要搭在酒杯口上，距离约两厘米为宜，以免相碰击。酒瓶的倾斜度要随酒瓶内酒的多少而定，斟酒不要太快，要慢慢倒入酒杯。倒啤酒时，速度要慢，使啤酒沿着酒杯边流入杯内，避免产生大量泡沫涌出酒杯。敬酒是宴席中经常发生的事，主人要主动向客人敬酒，客人也要主动回敬。敬酒时，祝酒词要说得生动、形象、贴切、合情合理，并富有激励性，能显示出自己的热情、真诚。敬菜时，每上一道菜，主人可简单地作些介绍，如菜的名称、色、味等特色，然后热情招呼客人动筷取食。当餐桌上的客人有主次长幼的分别时，每上一道菜主人应先请主要客人或长者先尝，当客人互相谦让不动筷时，主人可站起来用筷子、汤匙为客人敬菜。敬菜时，一定要注意先给长者或主要客人敬菜，然后按坐的次序依次敬菜，同时要注意敬菜的数量大体相当，不要或多或少、或好或差，甚至轮到最后的客人没有菜了，以免让客人感觉到不平等。有些菜肴要用刀叉来分解，可请客人帮忙，千万不要用手去撕扯，以免有失雅观和卫生。如果客人对所敬的菜表示婉谢，应予以谅解，不要强行放到客人碗中，这种行为是不礼貌的。

(五)社交禁忌

在农村家庭交往活动中,由于人们的思想观念和风俗习惯不一样,存在一些社交禁忌。

1.忌言而无信

信用在为人处世中是至关重要的。要让人相信自己就必须言而有信。在交往中,说话一定要严守信誉,绝不食言。如果做不到的事情,不要轻易向人许诺或口出狂言。有把握做到的事情,也不要大包大揽,要为自己办事留有余地。如果一旦答应为他人办事,就要尽心尽力,不要敷衍应付。只有以诚相待,严守信誉,才能与他人建立起真正的感情或友谊。

2.忌恶语伤人

恶语是指那些尖刻、肮脏、挖苦、污秽、奚落、侮辱之类的语言,这都是不文明的。俗语说:"良言一句三冬暖,恶语伤人六月寒。"可见恶语中伤别人是不道德不礼貌的行为。不仅会损害他人的尊严,而且会破坏相互的关系,甚至将会引起双方的纠纷和矛盾。特别是在农村家庭生活和交往中,要冷静思考,平和待人,不要恶语伤人。

3.忌飞短流长

在农村交往活动中,不要凭自己的主观想象、妄加猜测。这就是不要听到风就以为是雨,无事生非,颠倒黑白,以免造成人与人之间的误会和矛盾。也不要干涉他人的隐私,应尊重和保护他人的隐私。对他人的过失不要幸灾乐祸,更不要把它当作茶余饭后的谈资,甚至添油加醋。当别人有过失或误入歧途时,要善言相劝,才能赢得他人尊敬。

4.忌开玩笑过度

在农村生活中,熟人之间往往开开玩笑,以活跃气氛,融洽关系。但开玩笑要注意分寸,不能违背礼仪,开玩笑过度就会失礼,甚至会影响双方关系。因此,开玩笑要注意因人、因时、因地而定。第一,开玩笑要看对象。人有不同的性格,有的人沉默寡言,有的人小心多疑,这种人就不喜欢开玩笑,也不喜欢别人开自己的玩笑。有的人豪爽大度,不仅自己喜欢开玩笑,也不太介意别人开自己的玩笑。同时要注意同不同年龄的人和不同性格的人开玩笑的分寸。总之,开玩笑要达到让人感到轻松、愉快,而不伤感情、不伤别人自尊心的目的。第二,开玩笑要看场合。有的场合可以开玩笑,有的场合不宜开玩笑。如在一些比较严肃、紧张和重大会议和活动中,就不宜开玩笑,在公共场所、大庭广众之下也要少开玩笑,在别人专心工作学习时,也不要开玩笑,以免分散别人的注意力,影响别人工作或学习。第三,开玩笑要看准时机和别人的情绪。当人高兴的时候,开开玩笑是可以的。但当人处于不幸和烦恼时,情绪不好,需要的是安慰和帮助,就不要开玩笑,以免对方误认为你在幸灾乐祸,从而产生矛盾,造成不愉快的后果。第四,开玩笑要注意内容。开玩笑一定要注意玩笑内容是健康、风趣、幽默、情调高雅,使大家在开玩笑中学到知识、受到教育、陶冶情操,从而取得好的效果。不要开低级庸俗、下流的玩笑。特别要注意不拿别人的生理缺陷开玩笑,把自己的快乐建立在别人的痛苦之上。

5.忌给别人乱起绰号

绰号就是"外号"。它是根据个人的生理特点与行为特点而人为产生的。绰号有褒义和贬义之分。带有褒义的绰号能容易让人乐意接受,如巴西著名足球运动员贝利被称为"球王",大庆石油工人王进喜被人称为"铁人"等。而带贬义的绰号会让人感到耻辱,如称别人为"秃子"、"瘸子"等。因此,在现代文明的社会里,人人都应受到尊重,人人都应有更好的礼仪修养,特别是在农村生活中,千万不要给别人乱起绰号。

第七章　卫生与保健

健康对农村家庭来说是宝贵的财富,也是农村家庭生活幸福的重要保证。近年来,因病返贫、因病致贫已成为农村家庭脱贫致富的消极因素之一,应引起农村家庭的高度重视。家庭成员的身体健康虽然受到先天遗传因素的影响,但是在很大程度上取决于家庭在日常生活中对卫生与保健的重视程度。搞好卫生与保健,是保证家庭成员身体健康的主要途径。

一、饮食卫生

人人天天都要吃饭,而吃饭也有讲究,要讲卫生、讲科学,否则就不利于健康。

(一)饮食清洁

有的农民认为:"不干不净,吃了没病。"即认为吃东西不必太讲究卫生。的确,人并不是沾上一点病菌就会生病,人体有一定的免疫能力。但是,人对病菌的抵抗力是有限度的。如果长期不注意饮食卫生,即使身体健壮的人,也会生病。特别是当人劳累疲倦、年老多病、年幼体弱或外界环境过冷过热,人体的抵抗力就会下降,这时要特别注意饮食卫生,否则就会"病从口入"。另外，有些食物中毒来势凶猛，即使是健康的人吃进一定数量的有毒食品，短时间内也会生病，严重的甚至有生命危险，必须注意饮食卫生，谨防这类事件的发生。具体来说，日常饮食卫生主要应注意下面几个方面的问题：

1. 食品的清洁、保鲜与防毒

食物容易受到污染，农村家庭应采取一系列预防措施，保证食品的清洁。食品清洁的基本要求是：第一，生吃的瓜果蔬菜一定要洗干净；打过农药的，要在清水中浸泡1个小时，再洗净食用。第二，过夜的剩饭菜，再食时要蒸煮后食用。第三，食品在存放时要防蝇、防鼠、防猫狗、防家禽以及谨防其他害虫污染。第四，购买袋装食品要注意看保鲜期、保存期，不要买过期食品。直接入口的小食品不能用废旧纸包裹，宜用食用塑料袋包裹。第五，家中病死的猪、鸡、牛、羊等一律要深埋，不要食用。第六，有腥臭的鱼虾不能食用，最好购买鲜活的鱼虾。第七，变馊的饭菜、溃烂的瓜果、变质的食用油、变臭的鱼肉等食物不能食用。第八，生霉严重的玉米、大豆、花生、黄豆等不能食用。特别是变黄的大米，即使久煮也不能杀死其霉菌，切不可食用。受霉菌污染轻的，要先用清水反复洗5~6次，再放在太阳下晒，然后煮食。第九，谨防食物中毒。例如：河豚的卵巢和肝脏有剧毒，其肾脏、血液、眼睛和皮肤，春季毒性最强，不能食用。新鲜的河豚肉也要洗净后才能食用。鱼的眼睛含铅，鸡屁股含有大量毒素，不可食用。蘑菇要在确认无毒后方可采集食用，鲜蘑菇必须在沸水中煮5~7分钟并弃去汤汁后食用。各种核仁都不能生吃，尤其要谨防儿童食用。四季豆要烧熟煮透才能去毒，豆浆要在沸腾后继续煮5分钟才能去毒。腌菜必须腌透，至少腌制半个月以上才能食用，并且食盐浓度应在15%以上。煎糊的鱼肉和猪肉渣内含致癌物，不能吃。发芽的土豆、未成熟的西红柿不能吃。煮熟的食品不能在铝制器具中保存太久，用铝制器具煮东西不能放盐同煮。

2. 饮食器具的清洁

饮食器具包括餐具、炊具、茶具、酒具等。饮食器具清洁的基本要求是：第一，茶具要主客分开，家庭成员每人应有专用杯，不要共用茶杯。第二，餐具、炊具应洗涮干净，炊具应加盖，碗筷要放在碗橱里。第三，饮食器具要定期消毒。可以用开水烫煮也可用消毒碗柜消毒。第四，要有专用的抹布清洗餐具，抹布要勤洗、勤换，过几天用开水煮一次，有条件的地方应放在烈日下曝晒消毒。

3. 手的清洁

吃东西离不开用手，手的清洁至关重要，但在农村家庭中，很多人是不注意手的清洁的。手的清洁的基本要求是：第一，要勤洗手。大人小孩都要养成饮食前后洗手的习惯。大人在做饭前也要洗手，以避免把在劳动中带来的细菌带到食物及器具上来，在做饭后也要用肥皂洗手，以洗去油污及生鱼肉携带的细菌。第二，勤剪指甲。指甲中积存的污物、细菌是饮食的重要污染源，大人小孩都不应留长指甲。

4. 饮水的清洁

在我国，农村家庭相对于城市家庭来说，饮水条件较差，饮水的清洁问题尤其要受到高度重视。饮水清洁的基本要求是：第一，饮用水要烧开，切不可喝生水。第二，谨防饮用水中毒。自家打井时，要请有关单位对水质进行技术检测，进行消毒处理。当水中含有对人体有害的微量元素（如氟）时，要寻求其他渠道解决饮用水问题。第三，保护水源。建厕所、猪圈应远离水井，水井要加盖，生产、生活污水要有专门的排放渠道。第四，对有普通杂质的浑浊饮用水，要采取存放澄清或用沙石、活性碳物质做过滤等措施进行处理。

（二）科学饮食

科学饮食主要是指饮食要讲究营养均衡，要形成良好的饮食习惯。科学饮食可以提高人的体质和智力水平。

1. 营养素与营养均衡

人体必须的营养素通常可分为六大类：蛋白质、碳水化合物、脂肪、维生素、水和无机盐，一般称为六大营养要素。不同的营养素有不同的功能和作用，人体对它们的需求量也是不同的。如果某种营养素缺少了或过剩了就会对人体健康造成危害，甚至会得大病。因此，科学饮食首先要强调营养全面、营养均衡。人体所需要的各种营养素主要应该从食物中摄取。我国农村家庭居民如何达到科学饮食的标准，还有相当长的路要走。但是即使我们今天还无法达到这个标准，也首先要了解一些基本知识。

蛋白质：蛋白质是一切生命的基础，人的身体没有一处不含蛋白质。人的新陈代谢离不开蛋白质。没有蛋白质，生命活动就无法进行。蛋白质也可以供给部分热能，它还可以增强人体抵抗力。人体对蛋白质的需要量比较大，成年人每天需要 70 克左右，妇女怀孕期需要量比正常人更高，婴儿为每千克体重每日 2～4 克。膳食中长期缺乏蛋白质，会造成营养不良性水肿。饮食中蛋白质的来源,一种是动物性食品,含蛋白质数量多、质量好,如奶类、鱼类、肉类和蛋类;另一种是植物性食品,如大豆和豆制品含有丰富的优质蛋白质;其次为花生、谷类、芝麻、瓜子等。食物搭配食用可以有效地提高蛋白质的营养价值。比如,两种或两种以上的食物混合吃可提高蛋白质的利用率 10% ~ 20% 。一般来说,搭配的食物种类越多越好,种属越远越好。

碳水化合物(糖类):人体最主要的热能是靠碳水化合物来供给,碳水化合物食品宜做主粮。碳水化合物的足量供给是维持心脏、神经系统和肝脏正常功能的保证。碳水化合物可避免酸中毒,其纤维素还有利于体内代谢废物排出。碳水化合物的供应一般应占人体每日所需总热量的 60% ~ 70% 。供应太少,会引起身体消瘦无力,还会血糖过低引起昏迷、休克甚至死亡。供应过多,会增加胰脏的负担,还会引起肥胖、消化失常、排泄失调和维生素缺乏等症。碳水化合物的来源很广,米、面、玉米、高粱中含量最为丰富,干豆类、根茎类(甜薯、马铃薯、芋头等)含量也很丰富,再者是水果、蔬菜等。

脂肪:脂肪能促进发育,维持皮肤和毛细血管的健康,它还与精子的形成、前列腺素的合成有密切的关系。人体要依赖脂肪吸收脂溶性维生素 A、D、E、K。脂肪还具有保温、保护内脏器官、增强四肢与臂部的承受力等作用。正常的人每天需要摄入 50 克脂肪,才能维持健康。不过,食入脂肪过多会引起消化不良及腹泻,还可能得高血脂症,诱发冠心病等。饮食中脂肪的来源主要是食用油及肉类,花生、葵瓜子、核桃等食物也含有脂肪。

　　维生素:人对维生素的需要量很少,但缺乏任何一种维生素都可能引起疾病或死亡。缺维生素 A,会出现"夜盲症",引起皮肤干燥、毛囊角化、致癌物质毒性猛增、胎儿幼儿生长发育障碍等。缺维生素 D,儿童会患佝偻病,成年人会患软骨症,重者可引起手足搐搦症,但维生素 D 不可大量服用,否则会中毒甚至死亡,儿童吃鱼肝油时应特别注意剂量要求。缺维生素 B_1,不利于消化,严重的引起食欲不振、恶心呕吐、便秘、烦躁、健忘、精神不集中、心悸、胸闷、气喘、血压低、心脏扩大、浮肿等。缺维生素 B_2,则引起物质代谢紊乱,出现阴囊炎、舌炎、唇炎、口角炎、皮脂溢出性皮炎、睑缘炎等。缺维生素 PP 会出现癞皮病。其典型症状为皮炎、腹泻和痴呆,还会使口腔粘膜和舌部发生溃疡和糜烂。缺维生素 B_6,会引起贫血、体重减轻、胃痛、呕吐、抑郁、神经过敏。缺维生素 C,则会引起坏血病,引起皮下出血和紫斑,严重者可发生内脏和粘膜出血、伤口不易愈合等。缺维生素 E,可发生巨细胞性溶血性贫血,引起肌肉营养不良。维生素 A 最好的来源是各种动物肝脏、鱼肝油、鱼卵、牛奶、奶油、禽蛋等;有色蔬菜如菠菜、苜蓿、豌豆苗、红心甜薯、胡萝卜、辣椒、冬苋菜等,水果如杏子和柿子等也是良好来源。维生素 D 以海鱼肝含量最为丰富,其次为禽畜肝脏、蛋类和奶类。通常,单靠食物不能获得足够的维生素 D,而晒太阳是在体内合成维生素 D 的重要途径。维生素 B_1 含量丰富的食物有谷类、豆类、干果类,其次为动物的内脏、瘦肉和蛋类。值得注意的是,米、面磨得过于精白和淘米次数过多,都可造成维生素 B_1 的大量损失。维生素 B_2 含量丰富的食物有动物肝、肾、心,其次为奶类、蛋类、干豆类、花生和绿叶菜。我国农村居民易发生维生素 B_2 的缺乏或不足,应加强补充。维生素 PP 含量最丰富的为酵母、花生、谷类、豆类及肉类,特别是肝脏。维生素 B_6 含量较多的食物为蛋黄、鱼、奶、豆类、白菜及豆类,维生素 B_6 缺乏发生在怀孕、受电离辐射和高温等特殊条件下,应注意补充。维生素 C 的主要来源是新鲜蔬菜和水果。只要能经常吃到足够的蔬菜和水果,一般不会缺乏。维生素 E 含量最丰富的是麦胚油、棉籽油、玉米油、花生油及芝麻油,莴苣叶及柑橘皮中含量也很丰富,几乎所有绿叶植物中都含有维生素 E,动物性食品中也含有不同量的维生素 E。

无机盐与微量元素:人体需要的无机盐及微量元素有 20多种。钙是人体需要量最大的矿物质,成年男女每天需要 600毫克,其中孕妇需要 800～1500 毫克,乳母需要 2000 毫克。人体缺钙时,骨齿形成不良,血钙降低会引起心跳加快、心率不齐和手足抽搐等症。奶类是钙的良好来源,吸收率高,水中的虾、蟹、哈蜊和蛋类含钙也较丰富,其次是绿叶蔬菜和豆类等。铁的需要量为成年男性每日需 12 毫克,成年女性 15 毫克,孕妇和乳母为 18 毫克、当饮食中的铁长期供应不足时,会引起贫血。膳食中铁的良好来源为动物肝脏、蛋黄、有色蔬菜和绿色蔬菜、胡萝卜、西红柿等,其次是红果、樱桃、红枣、紫葡萄、草莓、桃等。当碘供应不足时,会出现"大脖子病"。若孕妇缺碘可使儿童发生克汀病,表现为生长迟缓、智力低下或痴呆。中国人普遍缺碘,应加强补充。碘的每日需要量,成年人为 100～150 微克,其中孕妇、乳母应适当增加供给量,青少年也应适当增加供给量。含碘高的食物主要是海带、紫菜、海产鱼、虾、蟹和海盐。缺锌严重的儿童会出现侏儒症。缺锌还可使损伤的组织愈合困难，可导致味觉迟钝、食欲减退，使性成熟推迟、性功能降低、精子减少、月经不正常或停止，还会出现皮肤粗糙、干燥，并易受感染，缺锌时，细胞免疫力下降，易生病。成年人每日需要量为10～15毫克，其中孕妇、乳母应适当增加供给量。动物性食物含锌丰富，且被吸收率高，其中牡蛎、鲱鱼含量最丰富，其次为肝脏、蛋类等。缺铜时，骨质疏松易碎，大血管易于发生动脉瘤和血管破裂，皮肤也会发生病变，脑组织萎缩、运动受阻、失调，发育停滞，嗜睡，黑色素生成障碍、毛发脱落。谷类、豆类、硬果、肝、肾、贝类等都是含铜丰富的食物。成人每天每公斤体重0.05毫克为宜，儿童为30～40微克，但是过量的铜可引起中毒。硒能保护心血管和心脏健康，可增强机体的抵抗力。我国学者发现，一种以心肌坏死为主要特征的克山病与硒的缺乏有密切关系。硒的成人最低需要量为每人每日40微克。海昧、肾、肝、肉和谷类是硒的良好来源。食品加工过细，会损失大量的硒。在土壤含硒量很高的地区，其所产的粮食含硒量也高，可引起人畜硒中毒，主要特征是脱发、脱甲、麻痹，甚至偏瘫、死亡。铬能促进胰岛素、预防动脉硬化、促进蛋白质代谢和人体生长发育。每人每日需铬20～50毫克。铬的来源一般是谷类、豆类、肉和奶制品、啤酒酵母和家畜肝脏。

　　水：水是维持人体正常生理活动的重要物质。机体丧失水分达体重的20%，就无法维持生命。正常人每日需水2400～4000毫升，当体内缺水或失水过多时，会引起食欲不佳、工作乏力。水过多时，也会使消化能力减弱。因此，要多喝水,但吃饭前后不宜多饮水。

2. 饮食习惯

人体需要各种各样的营养素,这就不仅需要合理调配膳食,还要培养家庭成员良好的饮食习惯。在饮食习惯方面,大致包括:

第一,不要挑食和偏食。各种营养要素需从众多的食物中摄取,没有一种食物含有人体所需要的一切营养要素,即使像牛奶、鸡蛋这些公认的营养品也有美中不足。牛奶中铁的含量低且不好吸收,婴儿用牛奶喂养时,应逐步添加其他辅食,以避免出现贫血。鸡蛋的营养价值好,但却缺少维生素C。只有将多种食物科学合理地搭配食用,才能保证人体正常的发育和健康。膳食要注意食物品种齐全、数量充足、比例适当。膳食中所供应的营养素与机体的需要两者要保持平衡。进食食物的种类越多,人体获得所需营养素的机会也越多,所以各种食物都要吃。

第二,荤食与素食应当搭配。我国农村家庭中,荤食与素食的比例存在严重失调现象。素食与荤食的最大区别在于蛋白质的质量上,素食的蛋白质不如荤食的质量好,素食的蛋白质也不易被人体吸收。另外,在钙的质量及吸收利用方面,素食也不及荤食。只吃素食,也无法获得维生素A、E,而且只吃素食容易饿,就必然要增加食量,这样反而加重了肠胃负担。偏食素食显然对身体健康不利。偏食荤食也不好,荤食中缺乏人体必需的维生素C和胡萝卜素。长期偏食荤食,会导致人体摄入的胆固醇较高,易患心脏病与高血压。蔬菜在膳食中占有重要地位,一般每人每天应吃0.5~0.6千克蔬菜,其中绿色蔬菜要占50%，其次是选择含有丰富胡萝卜素、维生素 B_2 和维生素 C 的黄色、橙色和红色的蔬菜。荤菜和素菜搭配食用，取长补短，这样才有益于健康。

第三，不要暴饮暴食。我国农村家庭中，很多人平时省吃俭用，而逢年过节却鸡鸭鱼肉满桌，大吃大喝。大吃大喝超过限度，往往会破坏胃、肠、胰、胆等脏器的正常功能，严重者还会造成急性胃肠炎、急性胰腺炎、诱发心脏病等，若抢救不及时，还有生命危险。另外，将众多含有丰富优质蛋白质的食物一顿吃掉是一种浪费，一般在这种情况下，蛋白质只有30%被身体吸收。

第四，不要酗酒。平时少量饮酒对身体有益。但过量饮酒会损害健康。我国农村家庭居民中，过量饮酒的大有人在，过量饮酒曾发生过很多悲剧。酒的主要成分是酒精，它是一种毒物，能损害口腔、胃、肠粘膜，影响消化功能，进而引起营养缺乏症，诱发胰腺炎、胃和十二指肠溃疡、肝硬化、可使心脏和血管发生病变，还会损害神经系统，引起神经衰弱、智力迟钝、记忆力减退、视力模糊。饮酒与癌肿有很大关系，与饮酒有关的癌症有头颈部癌、食道癌、胃癌、肝癌、直肠癌、胰腺癌及肺癌等。醉酒严重者会死亡。

第五，不要迷信补品。何谓补品，历来说法不一。民间流传的一些观点则往往认为只有那些具有特别滋补作用或希罕昂贵的物质，如燕窝、人参、鱼翅、银耳、阿胶、海参、鹿茸、黄芪等才是补品。其实，昂贵的食品不一定都是补品。例如：燕窝含蛋白质高达50%左右，鱼翅高达83%以上，但却是不完全蛋白质，其营养价值并不像人们所想像的那么高。当然，上述昂贵食品中,有的确实有特殊功能,具有滋补强身作用。如海参,含蛋白质61.6%,脂肪很低仅0.9%,而且不含胆固醇,还含有丰富微量元素,但这类补品毕竟价格昂贵。一般健康的人应立足于选择利用日常食用的多种食品。只要把普通食品按营养成分调配得当,就会成为补品,没有必要一味追求"补品"。

3. 膳食制度

膳食制度指把全天的食物定时、定质、定量地分配给食用者的一种制度。膳食制度一旦确定之后,就成为一个条件刺激因素,只要到了吃饭时间,就会产生食欲而预先分泌消化液,这对促进消化维持健康是极为有益的。膳食制度的安排应以在吃饭前不感到很饿,而在吃饭时又想吃为原则。一天究竟吃几次,各餐的质和量又如何呢?两餐间隔约4~5小时为宜,一天进餐4次比3次好。在一般情况下,应提倡"早饭要吃饱,午饭要吃好,晚饭要吃少"。三餐热能的合理分配是:早餐占25%~30%,午餐占40%,晚餐占30%~35%。早餐的蛋白质、脂肪食物应多一些,以便适应上午工作和学习的需要。早餐一定要吃主食,如馒头、豆浆、油条等;最好是"米面混食",如面条、大饼、泡饭、粥等同时吃;还要补充蛋白质丰富的食品,如牛奶、鸡蛋之类。长期不吃早饭或早饭偏少,会引起低血糖及一些慢性疾病(如胃溃疡、贫血等),青少年更应引起重视。晚餐过于丰盛易发胖,诱发冠心病,中年人尤其应引起重视。

二、环境卫生

环境指人们生活的空间,环境的清洁与美化可以提高人们的生活质量和身体素质。从家政学的角度谈农村家庭的环境卫生,主要是讨论室内卫生和庭院卫生。

(一)室内卫生

居室是与家庭成员联系最为密切的小环境,室内的卫生与美化直接关系到家庭成员的身体健康。

1. 居室清洁

扫除脏乱是家庭室内卫生最起码的要求。怎样才能使居室清洁呢?这要求农村家庭每一个居民都积极行动起来,并且还要做好下面一些具体的工作:第一,扑灭蚊蝇虱蚤。虫蚊多是农村的一大特点,而这正是影响农村家庭居室清洁的最大的不利因素。消除蚊蝇虱蚤应放在居室清洁的首位。一般是用灭虫剂、电子灭蚊拍、蚊香来扑灭虫蚊。要彻底改变虫蚊多的环境面貌,最好是安装纱门纱窗,减少虫蚊入内。同时,把家禽家畜喂养与居室隔离开来,减少居室虫蚊来源。第二,及时处理垃圾与污水,避免腐臭气味影响室内环境。特别是厨房的垃圾箱要加盖、污水要及时排除。第三,培养家庭成员爱清洁爱整齐的卫生习惯。经常清扫房间,室内设简易果皮箱。鞋帽与桌椅定点摆放,及时归位。第四,被褥、床单、枕套等经常洗晒,防止发霉腐臭等。

2. 居室美化

我国农村家庭居室有了很大改善,有些农村家庭完全可同城市媲美,甚至还有超越城市居民居室的。敞亮、舒适、温馨是居室美化的基本原则。由于审美观的差异,居室美化不可能有一个统一的标准,但在几个大的方面应该引起农村家庭成员的普遍重视:第一,增强房间的亮度。亮度是居室美化的前提,若房间光线不好,再美的装饰也显示不出应有的光彩。建新房时,要增加采光面积;对于采光不好的旧房,应该加以改造,如增开天窗或门窗。另外,保持墙壁的洁白也可以增加房间的亮度,要减少室内烟尘,墙壁每隔几年应刷新一次。第二,门窗经常打开,促进室内通风换气,避免潮湿。第三,注意整洁,各种东西归类存放,特别是一些小东西要用架子挂起来,使整齐划一、不零乱。第四,保持房间宽敞。空间是自由舒适的保证,房间应给家人留有充分的活动空间。拥挤的房间给人压抑、杂乱的感觉。添置家具不要求多与豪华,而应是美观大方实用。第五,注意色彩协调。家是生活与休息的港湾,居室色彩应是柔和的、淡雅的,给人一种温馨的感觉。色调应尽量统一,切忌杂乱。首先,家具的颜色应统一,这是决定居室色彩协调的主要方面。一些农村家庭的家具是分次逐步添制的,一定要保持新旧家具在色调上的统一。其次,窗帘、门帘、桌布的颜色应统一。最后,门窗的油漆色彩要与房间物品的色调相和谐。第六,注意装饰品的风格统一,每个房间的挂画风格要单纯,或中或洋,或古典或现代,或人物或风景,不要弄成大杂烩、四不象。装饰品尽量简洁,只起点缀作用。

(二)庭院卫生

庭院指农村家庭的自留地及屋前屋后的空间场所。庭院不仅是居室的延伸,也是与邻居或街道相接的过渡区域。庭院又是农村家庭饲养家禽家畜、堆放杂物、种菜的主要场所。相对于居室来说,庭院是家庭更为复杂的生产生活环境。庭院环境的清洁与美化有一定难度,可以说它是农村家庭环境卫生的薄弱环节,不少家庭的庭院成为脏乱的场所、虫蚊的滋生地。

1. 庭院清洁

庭院清洁要求做好以下方面的工作:第一,猪、牛、鸡、羊等家畜要圈养,并尽量远离家人活动和休息的主要区域,减少牲畜粪便对庭院地面及空气的污染。第二,改进厕所。建造厕坑与贮粪池分开、粪池密闭的新式厕所,厕坑要加盖。有条件的建节水型冲水厕所。第三,修建排水沟,及时疏通庭院积水。第四,垃圾要集中堆放处理,不要让它在庭院过久滞留。第五,用碎石、碎砖或水泥修建院门至房屋的通道,以防雨后泥泞。

2. 庭院规划与美化

为了解决生产与生活、经营与环境美化的矛盾,应将庭院分区管理。一般将庭院分成三种不同的区域:一是公开区,包括大门口附近及从院门至房屋的道路、两旁的空间等。公开区要注意美化和安全。有的农村家庭用竹篱或砖石将其围起来,围栏边种树或藤类植物;有的家庭用带刺的花卉、药材做成天然的屏障;有的家庭在门前种几棵大树或爬架的瓜果、或药材。这些都是行之有效的做法,既实用安全又美观。二是私有区,私有区一般靠近住房的正面,是家人休息、聊天、读书、游戏的主要场所,它应是庭院设计与美化的重点。这个区域可以设草坪,种观赏花木;或用葡萄架做荫凉大棚。条件好的住宅,还可布置水池、假山、花坛,还可给儿童添一些康乐设备,如秋千、水泥乒乓球桌等。三是工作区,农村家庭一般将杂物堆放、车库、鸡舍等放在此区。有的农村家庭将厨房与厕所也放在工作区。工作区的位置应远离卧室和儿童的游戏场地,以免影响家庭成员的休息和娱乐。杂物要分类摆放,并保持整洁。为了增加家庭收入,应充分利用此区域大力发展庭院经济,并注意促进生产经营与环境美化的共同发展。

三、家庭保健

做好家庭保健是对家庭、社会的一种责任。家庭保健对提高家人的生活质量、保证家人身心健康起着至关重要的作用。以下从个人卫生、婴幼期保健、青年期保健、中年期保健、老年期保健、家庭用药常识等六个方面加以介绍。

(一)个人卫生

个人卫生是身体健康的基本要求和保证。

第一,口腔卫生要点。我国农村家庭居民中,至今仍有不少人早晚不刷牙,很多人没有这方面的习惯。应该做到饭后15分钟内要漱口刷牙,早晚两次刷牙;少吃甜食;坏牙要及时治疗修补。

第二,消化道卫生要点。饮食要定时定量;少吃过冷过热及生硬食物;每天至少饮水800毫升,不与人共用茶杯;餐前饭后不做过重的工作或运动;不过饱或久饿;定时大便;腹部不要受凉。

第三,呼吸系统卫生要点。屋室注意通风换气;不把尿桶放于屋内;不蒙着头部睡觉;避免感冒,以免引起呼吸道发炎;最好不吸烟以防肺癌发生;发现有呼吸系统过敏症,立即彻底治疗。

第四,心脏血管系统的卫生要点。防止肥胖及血脂过高;不可太劳累;衣服宜宽大,不束缚胸部;生活宜有规律,保证充足的睡眠。

第五,泌尿生殖系统卫生要点。注意外阴部卫生,男性包皮过长应施手术切除,每天要清洗,女性宜用淋浴清洗,要有专用的洗内裤的盆子,毛巾和盆子不混用、不与人共用;发现小便颜色异样,或不顺或有血液排出,要立即就医。

第六,皮肤毛发的保健要点。防止曝晒,在烈日下作业应穿长袖衫、戴草帽;勤洗澡勤洗头发;内衣及被褥勤换洗、曝晒;皮肤细小伤口注意及时消炎,发现长久不愈的溃疡病或有黑痣变大,要立即就医;不滥用去斑霜、增白粉;香水不直接与皮肤接触,应喷在干净的头发和衣物上。

(二)婴幼期保健

婴幼期指 0~3 岁的成长阶段,这是人一生中生长发育最快的阶段,也是智力开发的最重要时期。婴幼儿在各方面应受到成年人的精心照料。婴幼儿保健的重点应注意以下问题:

第一,居室环境。婴幼儿的居室环境要始终保持有新鲜的空气和充足的阳光。室内光线太暗对婴幼儿视力发展不利。要注意避免周围环境的嘈杂,在噪声环境中成长的小儿智力发育较差。

第二,生活规则。应让小孩有规律地生活,吃、睡、拉撒及娱乐要定时定点且形成习惯,才能保证吃好、睡好、玩得起劲。小儿生活规则制订以后,家庭所有成员都应严格遵守,不应随便改变。

第三,穿着。小儿不宜"捂",多穿不如少穿,穿戴舒适时手足应是清凉的,手脚发热说明穿得过多了。衣服不宜紧身宜宽松。小儿要有单独的被褥。被褥与衣服布料均应以棉布或棉毛织品为宜。

第四,营养。婴儿期最好的食物是母乳,母乳不仅易消化和吸收,而且含有丰富的氨基酸、维生素、无机盐、蛋白质和抗体。婴儿出生两周后必须添加鱼肝油;两三个月时,添加菜汁与果汁;四五个月时,必须添加蛋黄;6个月以后,应添加稀粥、肉汁、鱼泥、菜泥、饼干和馒头;10个月以后,可吃普通食物;1岁左右,应当断奶,这时要增加进食量。要坚持给孩子喝牛奶,荤素要搭配,粗细粮要搭配,防止偏食。俗话说:"肥嘴不肥身",要控制孩子的零食。另外,婴幼儿不宜吃太多甜食,以免影响食物的消化和吸收;少吃冷饮以免刺激胃肠。多吃水果但水果不能替代蔬菜。要特别注意多喝水。

第五,清洁卫生。早晚洗手脸,饭前便后要洗手,睡前洗脚、洗屁股。0~1岁的婴幼儿最好一天洗个澡。婴儿洗澡要用清水或婴儿用的沐浴液。要勤剪指甲、勤理发,可在婴儿睡觉时进行以防哭闹。每次吃东西后,喝一点白开水以清洁口腔。

第六,安全保障。给婴儿玩的物品体积要大且不要有可以拆开的小零件,以免他(她)塞进嘴里而堵塞气管。花生、黄豆、瓜子等不要给小儿单独吃，以免造成意外伤害。不要让小孩玩塑料袋，以免他（她）套在小脑袋上而引起窒息或死亡。刀片、剪刀、毛衣针、锥子以及热水瓶、热饭锅、热汤碗还有电器、电线、插座等都要放在孩子拿不到的地方。夏天洗澡先放凉水再放热水，以免小孩玩水遭烫伤，冬天生火要用厚重的烤火架把火炉围起，以免烧伤孩子。药品要锁起来，以免小儿误食。洗涤剂、漂白粉、杀虫剂、煤油及其瓶子都不能让小孩玩。在灭鼠季节，谨防幼儿误食鼠药。预防小儿摔倒，特别不能摔坏后脑壳，以免影响智力。

第七，计划免疫。有计划地给小孩打预防针、按要求完成整个免疫程序，是保证小孩身心健康的重要手段。

（三）青春期保健

在我国，男孩从 15 岁左右，女孩从 13 岁左右开始进入青春期。青少年时期，是人一生中新陈代谢最旺盛的时期。性发育是青春期的重要特征，伴随身体的一系列变化，心理也会发生变化，所以青春期的保健既包括生理保健也包括心理保健。

第一，心理保健。青春期身体上的巨大变化使孩子感到疑惑、紧张、好奇。做父母的应及时将有关知识告诉子女，教会孩子用科学的态度对待自身的各种变化，以免孩子从其他非健康渠道去寻求上述问题的答案。

第二，生理保健。男青年要注意在变声期对声带加强保护，饮食忌生冷辛辣，不大声喊叫，防止感冒及口腔发炎。女青年要特别注意月经期的保健：不宜剧烈运动及劳累过度，注意保暖，避免淋雨，不用冷水，保证足够的睡眠，保持外阴干净,不能游泳,不吃辛辣刺激性食品。在饮食营养方面,青年人要特别注意补充动物性食品,在考试或学习紧张期间注意补充补脑食物,如海产品、蛋黄等。有的少女为追求苗条而盲目节食,这是不可取的,营养不良反而会失去青春期应有的魅力,严重时会损害健康。当然,加强营养要避免肥胖症。体育锻炼,既可使身体健壮,又可维持营养与消耗的相对平衡,还可缓解由生理变化带来的焦虑,对于青年人的身心健康有着十分重要的意义。

(四)中年期保健

中年时期是人生的鼎盛时期。中年人在家庭中承担着重要的责任。人到中年,生长发育已停止,各系统、器官的生理功能逐渐开始衰退,新陈代谢速度变慢,免疫能力下降。若遇长期过度的负荷或超负荷的精神紧张,就会引起心、脑血管病变。中年人生理上的变化,对饮食营养和心理保健提出了特殊的要求。

第一,饮食营养。中年人饮食营养的基本要求是:低脂肪,适量糖,充足的优质蛋白质,丰富的维生素和无机盐。平时,要经常食用菌类、大豆、芝麻等食品以滋补身体。中年人的饮食还应限制盐的摄入,以免引起高血压。

第二,妇女更年期保健。更年期一般从 40 岁以后开始,持续 10 ~ 20 年左右。在更年期,10% ~ 30% 的人除了月经紊乱之外,还出现阵发性潮热感、心悸、易怒、好哭、血压升高、头痛头晕、失眠等症状,这些统称更年期综合症。对待更年期应有一个正确的科学态度,保持乐观的情绪。在日常生活中,应注意起居规律,劳逸结合,睡眠充足。注意多吃蔬菜、豆制品、水果和鱼。要经常进行体育锻炼、娱乐活动和户外活动。下地劳动不能替代体育锻炼,体育锻炼是对过度劳累的一种缓解与放松,可以预防很多疾病,特别是老年病的发生。我国农村妇女不习惯搞体育锻炼,要注意培养这方面的习惯。其次,要特别注意保持外阴清洁,同时还应注意月经及血带变化,一旦反常就要立即到医院检查。最后,还要定期体检,注意预防乳腺癌、宫颈癌的发生。

第三,中年男性的心理保健。农村中年男性既是家庭经营事业中的中坚力量,又是处理内外关系的核心力量。各种负担使他们长期以来一直承受身心的双重压力。而中年期又是身心相对脆弱的时期,极易产生心理障碍,做事情感到力不从心,顾此失彼,害怕失败。心理调适对中年男性来说非常重要。首先,中年男性要处理好与妻子、子女的关系,为自己创造一个舒缓精神紧张的内部环境;其次,多参加社交活动,如谈心、乡村文艺活动、下棋、钓鱼等;还要多看报刊杂志,学习农业科技知识,通过增强自身能力来增强精神活力和自信心。

(五)老年期保健

俗话说:"老小一般"。老年期是人一生中很脆弱的时期。对待老年人要象对待婴儿一样细心周到。农村家庭老年人的保健,由于受到经济条件的限制,目前仍然存在着很多的问题,但一些起码的知识应该具备。老年期的保健主要包括下面几个方面:

第一,睡眠。老年人不易入睡,易被吵醒,睡眠时间短,有的老年人还有失眠症。为了避免噪声的干扰,老年人的房间最好不要面临楼梯的墙面,或靠着嘈杂的街道。

第二,饮食。老年人消化、吸收功能降低,易发生食欲不振、腹泻、便秘等疾病。在饮食中要粗细粮搭配吃,每天吃不同类型的含纤维的食物。还要注意饮食清淡,防止摄入过多的食盐。老年人也不宜进食过多的油腻食品,以免加重肠胃负担,还应做到少食多餐。平时,可多食用各种粥,既营养丰富,又能补充老人的体液不足。

第三,安全。老年人易发生意外,为方便照顾老年人,其寝居的房间最好设在四周都有家人保护的地方,不要将之隔绝于角落。老年人易滑倒跌跤,而且大多在浴室跌跤,浴室要采取防滑措施,如地面铺防滑垫,其他易滑处要加上扶手等。另外,简易的呼救设施不可缺少,可以在老年人经常呆的地方挂上铃铛。

第四,心理。老年人极易感到孤独。家人应照顾到老人的这种特殊心理,多陪伴老人。老人也要学会自己调适心理,如多和同龄人交往,如养花、钓鱼,或者在子女繁忙时帮子女照应孩子,准备饭菜等,只要不劳累,做事对老人的身心健康是有利的。

(六)用药常识

用药不当,会减小药效,引发其他疾病,甚至导致生命危险。农村家庭虽然现在医疗条件相对而言还较差,但也应该掌握一些用药常识。

第一,在医生指导下服药。很多药有不良副作用,如四环素、阿司匹林易引起坏血症,而长期服磺胺药及广谱抗生素易造成维生素 K 和 B 的缺乏,等等。俗话说,"是药三分毒",首次使用某种药一定要接受医生的指导。

第二，服药期间的饮食宜忌。服药忌口，中药如此，西药亦然。如服用链霉素、卡那霉素、庆大霉素等药物期间，宜多吃牛奶、菠菜、黄瓜及偏碱性的食物，限制吃肉、奶油、动物油等高脂肪食品；再如吃药不宜用糖水送服，或在中药中加糖。每种药物都可以配以适当的饮食调理，向医生询问有关饮食宜忌，可以提高药效。

第三，掌握最佳服药时间。滋补类药，如人生蜂王浆、蜂乳等适宜在晨起空腹时或夜晚临睡前服用；助消化药物，适宜在饭前 10 分钟服用；催眠、缓泄、驱虫、避孕等药物，一般在夜间临睡前半小时服用（作用快的泻药在早晨空腹时服用）；维生素类药品，一般适宜在两餐饭之间服用（用维生素 K 止血应及时服用）；抗菌素类药，每隔 6 小时应服用一次；降血压药，早上 7 时、下午 3 时和晚上 7 时服用，并且早晚的用药量适当比下午的少，临睡前不可服降压药；治皮肤过敏药，适宜在临睡前半小时服用；对胃有刺激的药，应在饭后半小时服用。

目前，我国农村家庭卫生与保健相对而言还比较落后。随着农村家庭经济的发展，生活水平的提高，卫生与保健也将会有较大的发展。

第八章　文化与娱乐

　　改革开放以来,农村家庭生活中有了更多的空闲时间,富裕起来的农民对休闲生活有了新的认识与要求。但农村传统娱乐方式的单调、贫乏,同时,还有许多消极的、不健康的、不文明的和不科学的因素,它们日益成为社会进步的阻碍。因此,农村家庭娱乐生活的丰富与多样化十分重要。家庭娱乐生活的目的不仅在于休闲,更需要新观念、新风气的引导。

一、文化观念

　　物质文明的发展不能脱离精神文明的发展,物质文明与精神文明的发展具有相互促进作用。但我国农村仍存在有很多不健康、不科学的落后的文化观念,它们越来越成为社会进步的绊脚石。

(一)幸福观

　　农民幸福观表现在农民实际生活中的一些基本需要。根据调查,我国农民大多数是将"有吃有穿"、"家庭和睦"、"有理想配偶"、"儿女双全"等当作生活的最大幸福。这说明农民的精神需要还处于较低层次的水平上。例如,《人民日报》曾登载农民王驾远的中堂："依山傍水，瓦屋几间，朝也安然，暮也安然。耕种几亩责任田，种也由俺，收也由俺，丰收靠俺不靠天。大米白面日三餐，早也香甜，晚也香甜。的良的卡身上穿，长也称心，短也如意。人间邪恶我不干，坐也心闲，行也心闲。晚归妻子儿女话灯前，古也交谈，今也交谈。农民政策喜心田，如今欢乐在人间，不是神仙，胜似神仙。"这里描绘了一幅淡泊宁静的乡村生活画卷，但从中流露出来的是充满了对于现状的安然与满足。这种生活目的的满足型有很大的普遍性。如湘西农民说："住在川湘界，豆腐当小菜，烤着木炭火，除了神仙就是我。"黑龙江农民也说："只图安居乐业，不求大富大贵。"这同现代生活特别是农村市场经济的形成是不相融的，它会使社会改革与进步缺乏动力与支持。

（二）家族观

改革开放后，传统家庭观念非但没有消失，反而还有抬头的趋势。在有的地方甚至于家族主义盛行，以至社会主义法律也失去了它的尊严。例如，有不少地方出现因家庭财产或其他纠纷打死人的情况，家庭成员竟打算"私了"，甚至规定，谁向政法机关报案就以"族规"处置。以家法、族规代替法律，以家长代替法官，至今还是一种很普遍的现象。家族主义猖獗的另一表现，则是各地大姓欺压小姓的家族纠纷或械斗不时的发生，有的甚至火枪土炮一齐上，严重影响了地方治安。

（三）消费观

我国传统农村家庭以吃饱穿暖为主要生活目的。生活消费以求实、求便和求廉为主要特征。同时，传统的"居安思危"观念对消费发展水平存在强大的阻碍。他们为了日后乃至子孙后代的生活有较长远的保障,往往精于仓贮,喜欢埋金藏银。这显然与市场经济要求把尽可能多的产品和货币投入商品交换与生产相违背。另一方面,与农民平时省吃俭用相反,逢年过节,或一到像生老病死婚嫁等重大事情的操办时,即一反常态,变得大肆铺张与浪费。比如,有相当多的人为蓄意夸富,或死撑门面,消费时并不看重消费的实际需要,而纯粹为赶时髦,或求得乡里舆论的赞同,至于他们所购买的洗衣机是用来装粮食还是用来洗衣服,他们是不在乎的。这种消费心理包含了农村家庭生活的传统习俗与观念,需要一种新文化的建设去改造、替代。

那么,旧的传统文化、习俗如何去改造? 新文化、新观念如何去建设与倡导? 社会改革的实践证明,寓教于乐的家庭娱乐休闲文化的建立是一种行之有效的途径。

二、农闲娱乐

传统的农业社会,经济水平低下,农村家庭生活的全部内容,几乎就是生产活动本身。也可以说,在农村改革以前,农民家庭生活时间安排大都与他们的生产时间安排相重合,农村改革以后,农民们为了家计的生产时间开始缩短,农闲时间越来越多。这导致农民在农闲时间对精神上的娱乐消遣生活的需要增强。

(一)作息时间

1.传统式生活时间

以老陈一家为例:老陈一家住在离某县城约 20 公里远的

一个半山区村子里,家有7人,包括年逾古稀的父母,老陈夫妇,两个儿子,一个刚刚娶进门的儿媳。除种田外,老陈还承包了鱼塘,栽种了近300株柑橘树。此外,家里还常年喂养了三头猪,与人合伙养了一头牛,这样一个农业为主兼搞多种经营的农户,全家的生活时间也都是围绕着上述产业转的。不过季节不同,家庭活动的时间表也不同。冬天,一年各项重大的农活告一段落,于是生活便显得宽松而悠闲。白天,父子俩早晨7点左右起床,然后在附近的田里或土里做些农活,到8点半左右回家早饭毕,老陈和大儿子稍事休息,喝杯茶什么的,然后就又出去找活干了。忙到12点左右,他们回来吃中饭。这期间,妻子和母亲以忙家务活为主,有时也偷闲串串门,聊聊天,或一边织毛衣一边闲聊,只要不误中餐,不少茶水就行了。老父亲就更悠闲了,往往是拿着根水烟筒,去找村里其他老人玩牌去了。中午饭后稍事休息,大约要1小时。下午1点之后,一家人大体继续干自己的活。7点左右吃晚饭。晚饭之后,因为家里没有电视,妇女们经过个把钟头的收拾整理之后,便上床睡觉了。到了春节,老陈一家的冬闲生活就到了高潮,也到了尾声。在春节前后10天左右的时间里,人一般都处于休息状态,除了给柑橘施施肥和了结与亲戚、乡邻一年的经济往来外,大部分时间就用于走亲访友或一家父子玩牌取乐了。到正月初七特别是元宵以后,男人们的生活便紧张起来。他们都得早起早睡,一天总要劳动上十一二个小时,吃饭所用的时间也缩短了,妇女们也同样得忙起来,老父亲也不再像往日那般悠闲。在这个漫长的生产季节里,老陈一家不用说没有固定的空闲时间,甚至连正式的休息和用于个人其他的生活必需时间也尽量地缩短了。

老陈一家以农事季节为转移的生活时间安排,在农村具有普遍性。它满足的是劳动的需要,因此不仅生产性时间长,而且非生产性的时间,也用于休息、恢复艰苦体力劳动后的疲劳为目的。同时,因为传统的以休闲为懒惰的观念没有改变,使农民在家庭联产承包制以后,得来的农业剩余时间,也多用于经营养殖业及其他副业,而真正用于娱乐的则极少。而且从中我们还可以看出,农村家庭娱乐方式,除了聊天以外,便以玩牌为主。

2. 现代式作息

农民生活时间新变化的真正开始,是农村产业结构的调整。我们再来看一看另一个家庭。住在某市郊的李某一家7口,上有老父老母,下有3个儿子,其人口规模与上述老陈家相同。李某时年48岁,在村办企业工作。大儿子、二儿子开拖拉机跑运输。他们一家的生活时间安排适应以工副业为主的生产模式,而且穿插了宗教活动。其作息分配大体是:

6点:起床、吃早饭、念早课

8点:李某上班,两个儿子上山拉货

中午:李某之母、妻在家念经文

15点:两个儿子拉货下山,回家吃饭,接着去送货

16点:李某下班回家休息

18点:李某之妻进教堂作礼拜、念经文,李母腿脚不便,只在家中念经

19~20点:两个儿子送货回家

20点以后:娱乐、休息

可见,李某一家无论工作、休息和娱乐,都是有固定时间的。事实上,由于乡镇企业普遍实行国家法定休假制和八小时工作制,以致那些第二、第三产业发达的农村地区,农民可以自由支配的空闲时间普遍有所延长。有些地区,农民们不再从事种养劳动,而直接从市场购买他们所需口粮、菜蔬,再加上现成服装鞋帽及其他纺织用品购买量的增加,妇女花耗在制作这些物品上的家务时间也大大减少了。

(二)农闲消遣

空闲时间的增多,使空闲时间的娱乐、消遣成了农村家庭生活的一个重要内容,也是目前衡量农村家庭生活质量高低的一个重要指标。

农村家庭成员空闲时间的传统消遣方式是单调而贫乏的。走门串户、喝酒玩牌,或者夏天乘凉,冬天烤火,除此之外很难有新的花样。形成这种状况的原因,除了农民娱乐兴趣等主观因素的局限,农民的娱乐技能差、娱乐资料少是两个重要的不利因素。根据对某村 27 位 35 岁以下村民的调查,100% 的人会打扑克,玩雀牌,并较有兴趣;4 人会下象棋,1 人能拉二胡。除此之外,其他诸如摄影、吹笛、歌咏、绘画、书法、健身等便无人问津了。至于跳舞,大多数还只是在电影电视中看到过。同时,乡电影院离他们约有 5 公里路远,电视机拥有量远远低于全国平均占有量,而且居住分散,晚上串门的事都很少很少。村里没有图书馆,农村家庭里也很少有图书。至于其他娱乐用品、体育用品,较多的便是扑克、雀牌、象棋这三种,这不能不制约农村家庭空闲时间的消遣方式,使他们的活动局限于打扑克、玩雀牌之类的娱乐活动中。

　　当然，这并不能代表我国农村家庭的全部。随着经济的发展，生活水平的提高，农民空闲生活的娱乐兴趣正在日益扩大，活动的质量在日益提高。如农村电视正在普及，乡村文化中心越来越多。有些农村家庭甚至开始用一部分钱来购买书报杂志，而自费旅游的农民正走出自家门前的小天地，去博览祖国大地上的文化古迹、风景名胜、古今都会。已经富起来的农民，眼界和胸襟都变得宽大了。但我们也必须承认，大部分农村家庭成员的农闲生活还是单调、贫乏和趣味不高的。他们的空闲时间往往还是在串门闲聊，乃至在有百害而无一利的赌博场上度过的。有的甚至于因无所事事而无事生非，寻衅斗殴等。因此，农村家庭娱乐生活的现代化、文明化还刚刚处于起步阶段，尚须社会的大力引导与扶持。

三、家庭娱乐文化的建设

　　农村家庭娱乐文化的建设包括家庭外部的引导和家庭内部的创造两个方面。

（一）公共娱乐文化的引导

　　要形成健康、文明的农村家庭娱乐新风尚，必须从外部积极加以影响和带动。目前，我国农村各地公共娱乐文化建设的措施、方法主要有：

　　第一，加强文化中心建设。根据农民富而思乐、富而思文的心理特征，各地采取地方财政投资和农民集资等途径，建立起各式各样的农民文化活动中心。在活动中心，一般都有专门的活动场所和文化活动机构，开展各种群众性的文化活动，如举办美术、书法的培训与展览、开故事会、进行各种体育竞赛、文艺会演等。

第二,有线广播和报刊的发行。这都是向农民宣传党的政策、宣传社会主义新道德新风尚,传递新知识、新技术、新信息和新观念的传播媒介。

第三,农村群众文化活动的开展。这些活动有些是农民自发组织的,有些则可能是由基层组织牵头组织的,但不管是哪种类型的活动,都能激发农民在文化生活中自我创造的冲动和热情。

丰富多彩的公共娱乐文化事业的开展,既改善了农村家庭娱乐资料不足的现状,又能激发农村家庭成员的娱乐兴趣,更新他们的娱乐观念,提高他们的娱乐技能,这对于现阶段农村家庭娱乐文化的健康成长,是十分必要与必需的。

(二)家庭娱乐方式的多样化

农村家庭娱乐方式在今天越来越趋于多样化,这取决于很多因素。

其中一是性别的影响。一般而言,男人比女人的空闲时间要长,加上男女娱乐兴趣方面的差异,使得他们的空闲时间必然会以不同形式度过。如女人们常把编织毛衣作为一种消闲的方式。她们认为,编织本身就是一种享受,又不耽误东家长、西家短的闲聊天。男人们一得闲,如果是在白天,往往会抄起手四处走走,看看自己的园圃和作物,观察庄稼、果蔬的长势、花情、病虫害等,预计它们的成熟期和收成,从自己的劳动成果中获得一种享受、一种安慰、一种喜悦和一种经验,如果是在晚上,一些中青年男子往往会翻翻农技书籍,或读读颇能动人心弦的武侠小说及其他通俗类读物。

二是农民的文化素质的影响。农村家庭成员空闲时间的娱乐爱好还取决于他们文化素质的高低。那些参加各种兴趣团体的农民,大都是上过高、初中的农村知识分子。参加各种业余的文化科技知识学习的,也多是受教育程度较高的人。

三是农民的年龄状况。一般而言,老年人因为体力渐退,性格更趋稳重,生活讲究程序,所以他们在闲暇中进行活动的方式比较刻板,内容比较单一。对此,应当注意引入新的因素,以激活老人的生活情趣。年轻人则年富力强,加上具有好奇、求新、争胜、觅友等心理特点和需求,他们的空闲活动往往具有群体性、竞争性、开放性和无规范性,特别需要引导和组织。

当然,家庭娱乐也存在不分地域、不分男女、不分文化高低、不分年龄的共同爱好,如看电视、闲聊天、看电影、看戏、玩牌以及其他一些游戏活动。

四、娱乐文化的发掘

农村是一个广阔的绿色世界。其中,可供开发的娱乐资源相当丰富。我们要丰富农民的家庭娱乐生活,就必须努力发掘这些资源,从而使农民在充分休闲的同时,又获得美的享受和启示。

(一)传统娱乐文化

1.节日娱乐文化

节日中少不了娱乐。同日常生活中比较零散、随机的娱乐活动相比,节日娱乐对农村家庭而言,显著地表现为一种稳定性和普遍性,同时一般显现出竞争和轻松两大主题。首先,关于竞争性的节日活动在各民族均可找到。如汉族的端午节赛龙舟,蒙古族"那达慕"盛会的射箭、赛马和摔跤比赛,布衣族投石节的投石之战等等。其次,轻松休闲是节日娱乐的主要目的。如元宵节放灯火,清明节的踏青、荡秋千,中秋节的赏月,重阳节的登高、赏菊等等。

2. 民间文艺与娱乐

农民们凭借质朴绚烂的乡情,植根泥土的芳心,以及自娱自乐的野趣,建构着瑰丽的绿色梦幻,形成了农村社会独具魅力的民间文学、艺术及其他娱乐文化,共同装点、补充、调节、引导着现实的农村家庭娱乐生活。

这种民间文艺主要包括口头文学,如神话、传说、故事、笑话、山歌、民谣、绕口令、谜语等。它们多以口头语言艺术的方式,直接反映了广大农民的愿望、要求和理想。但同时,农民口头上的文学、歌谣,对于他们的生活,又不仅是反映,还有调节和鼓舞,放松与解脱。其中尤其是笑话、民歌、绕口令一类,其语言、文字具有强烈而轻松的逗乐作用。如急口令:"江苏苏州有个吴胡子,浙江湖州有个胡胡子,苏州的吴胡子要借湖州的胡胡子的胡子刀子剃胡子,湖州的胡胡子不肯借胡子刀子给苏州的吴胡子剃胡子。"这种韵文将声音、声调极易混同的字,组成反复、重迭拗口的句子,当人们一口气急速念出的时候,稍不留神就会成"结巴",变成笑话百出的胡话。所以,它们本身就是一种致乐的佐料。

民间文艺有一个重要方面就是乡村艺术,如乡村音乐、舞蹈、戏曲、绘画、剪纸、雕塑、工艺等。这些形形色色的艺术,出于农民之口或农民之手,活跃于农村的社会和家庭之中,多角度地将农村的现实生活和农民的喜怒哀乐综合展示出来。

其中乡村音乐的主要形式在于乡间民歌。湖南农民认为:"唱歌为的是解忧愁。"陕北的信天游也说:"萝卜开花花不高,唱唱山歌解心焦。"四川山歌则唱道:"带唱山歌种种田,不费功夫不费钱,自己省得打瞌睡,旁人听听也新鲜。"为此,民歌或批判世道的不公,倾泄心中的不满,以减轻愁苦的煎熬。如江苏"扯白歌"所唱:"怪唱歌,奇唱歌,鱼儿咬死鸭大哥,大河石头滚上坡,山顶上面鱼虾多。"或歌唱劳动的欢快,增添生活的喜悦,或表达男女的情爱,寄托无限的思恋。在艺术上,它既保持了自然的野趣,又离开了原始的混沌;即有山的粗犷,又不乏歌的灵秀,听来十分优美而享受。

乡村舞蹈,如龙舞、狮舞、灯舞、高跷舞、鼓舞等,它有别于都市舞蹈,具有浓郁的乡土气息。它那粗犷、刚健、欢快、诙谐的风格,显示持久的艺术魅力。如湘西苗族的"猴儿鼓舞",极有山乡生活情趣。表演者模仿猴子击鼓,动作自由,灵巧敏捷,活泼顽皮。通过一整套充满"猴趣"的表演,将猴子偷蜜桃、摘包谷、蹦跳、逗乐等情景,非常生动地表现出来,极富山野神韵,并进而展现了苗民对家园的挚爱,对生活的憧憬,对生灵的宽厚,对劳动的热情,对丰收的喜悦,对世事的机敏等情感和机智。

乡村美术包括农民绘画、雕塑、工艺美术和建筑艺术等,其中工艺美术又有剪纸、刺绣、编织、印染、木石雕刻、儿童玩具等。它们也同样具有乡村文化的益生、乐生性质,能让人们在娱乐休闲的同时,获得极为强烈的艺术感召。

实际上,在农村家庭的娱乐生活中,文和娱是很难分开的。各种文学艺术总是以一定的方式联系着农民的娱与乐,起着一种使人松弛、消遣、生趣、活乐的作用,成为农村家庭娱乐文化的主要形式和内容,它赋予了农村家庭娱乐休闲极为深厚的文化基础,值得我们为之骄傲,为之倾倒,更值得我们发掘和弘扬。当然,今天农村家庭娱乐文化的发掘,其价值已不仅在于娱乐,人们通常会更看重其经济意义。

(二)现代娱乐文化

改革开放以后,经济、政治、文化的城乡对流,造成平静而古老的农村家庭娱乐文化,既有古朴的乡土气息,又有鲜活的现代潮流。其中我们不难看出,农民对现代文化中都市文明的追求,明显是其主流。

首先,广播电视普及,录音、录像进入家庭,甚至有些农村地区有线电视也开通了,使农民有了享受电子文艺的条件。地不分东西南北,人不分男女老少,文化不分高低,只要有了家用的文娱电器,并且会开会关,人们就可以甚至是有某种选择地欣赏这种电子文艺。它们所提供的特别容易为大众所接受、所理解的文艺形象,加强了它束缚人心的力量。这使得农村家庭成员在闲暇时间更多地坐在电视机前,而不是像以往每个家庭听老人、长辈唠叨传说、故事、笑话等。

其次,由于农民文化素质的提高,他们对文化生活的追求出现了更高的要求。这样,农村各种文艺社团,如文艺演出团体、文学创作社、书画协会、音乐协会、象棋协会、曲艺协会等,纷纷组织起来,参加这种社团活动,农民可以在自娱自乐的同时,也充满了自我表现、自我创造和自我提高的意味。这些农民把走出家庭所享受到的娱乐知识带回到家中,影响和带动其他家庭成员,从而改善整个家庭娱乐水平。

再次,因为近年来政府及舆论的导向,农民开始有了要学文化、学技术的观念,所以参加文化夜校、技术培训、看书阅报学知识也成为农民家庭空闲消遣的一个重要内容。

最后,农村家庭文化建设作为政府部门的一项重要工作,正受到相当程度的重视。这样像各级政府所组织的各种寓教于乐的集会、评比、竞赛活动也屡见不鲜,如各种赛灯会、演唱会、歌咏会、文化夜市、舞会和各种智力竞赛、知识竞赛、体育竞赛,以及一些"除六害"、"刹三风"、"评三户"等活动。这些虽然多是临时性的,但涉及面广,且都具有相当的趣味性、娱乐性、知识性和竞争的意味,因而也成为农村家庭闲暇生活方式的一个主要部分。

因为农民对都市的向往,使得农村家庭生活只要可能,就会充满现代气息。但同时又因为各种原因,农村文化的乡土气息依然保持顽强的生命力。因此,农村家庭空闲生活实际是一种传统与现代的混合体。这意味着,农村家庭娱乐文化的发展,不单纯是积极引进现代的新文明、新风尚,更有如何融会贯通传统与现代文化的艰巨任务与使命。

第九章　社会公德

社会公德是维护人类社会公共生活必需的行为规范。遵守社会公德是一个人、一个家庭文明程度的重要标志,它反映着社会的精神文明状况。我国农民是有一定政治觉悟和文化素养的,应该自觉学习社会公德的知识,做自觉遵守社会公德的公民。

一、社会公德的特征和作用

(一)社会公德的内涵及特征

社会公德,通常是指人们应当遵循的最简单、最起码的公共生活的道德规范和道德准则。这种准则反映的是人类社会生活中最一般的关系。只有遵守这些准则,社会生活才能正常进行,家庭权益才能获得保障。它主要具有如下特征:

第一,共同性。一般说来,社会公德使用的范围是公共场所。在公共场所人们发生交往的身份不完全是原来的身份,而是由这个交往向场所赋予他的临时身份。如在列车上每个人的身份是"旅客",在电影院每个人的身份是"观众"。在列车上不随地吐痰,每个旅客都得遵守,在电影院禁止吸烟,每个观众都要遵循。这里,社会公德是同一社会中全体成员在公共场所调节人们相互关系的行为规范。这种规范成了这一社会中每一个人都要遵守的公共社会生活准则,这就是社会公德的共同性。

第二,传统性。任何道德,都是伴随社会文明的发展而发展的。社会公德在历史发展中比较其他的道德类型,更多地具有稳定性。某些社会公德即使跨越了很长的历史过程,仍能流传下来。如"勿偷盗"这一社会公共生活准则,人们一直将它作为社会公德中的一条共同戒律,无论哪个社会,都把它稳定地承继下来。还有一些社会公德,如以礼相待,恪守诺言,尊老爱幼,文明礼貌等,也都被不同社会所提倡。这种历史继承性,使社会公德的一些重要内容按习以成俗的民风要求,世代流传,这就是社会公德的传统性。

第三,简易性。所谓简易就是简单易行。比如电影院"禁止吸烟",公园里"不准攀折花木"等,一看就懂,一讲就知,做起来也没有太大的难度,只要愿意,就能做到。

(二)社会公德的重要作用

社会公德对于维护社会公共秩序,促进社会文明和进步,保证家庭生活的正常进行,有着重要作用。

第一,稳定社会秩序,维护公共利益。社会公共生活秩序,是人们在公共生活中进行正常交往的必要条件。社会公共秩序的建立和维护,主要依靠两种力量:一是法律的力量;二是道德的力量,即运用社会公德规范人们的行为。社会公德又是通过内心信念和社会舆论来规范人们的行为的。它在公共生活中的运用范围比法律更为广泛,对维护社会公共生活秩序具有法律不可代替的作用。在现实生活中,如果大家事事处处讲公德,用社会公德来约束自己的言行,那么社会就会井然有序,人们的社会生活和家庭日常生活就会有保障。

第二,调节人际关系,优化社会环境。社会公德对调节公共生活中人与人之间的关系,稳定社会生活具有重要作用。社会公德通过规范人的行为,造成一种和谐、安定的人际环境,促进社会稳定。在我们的社会中,如果人人都能和睦相处,到处都充满着人与人之间的友谊、依赖和尊重,形成一个良好的生活氛围,那么处在这样一个环境中的家庭及其成员,自然也会充满友爱、信赖和尊重。

第三,改善社会风气,促进文明进步。社会公德如何,既反映了一个社会的道德水准,也直接影响整个社会风气的好坏,影响正常的经济、政治、生活秩序。因此,无论是社会主义物质文明和精神文明的建设,还是一个家庭的正常、健康成长,都必须大力提倡社会公德。

二、农村社会公德

在生产、生活中,农村家庭不仅需要与其他农民及其家庭进行交往,还要和集体、社会的各个方面打交道。在这些交往中,总要依据一定的规矩办事,这些规矩就是农村社会公德。农村社会公德是调节农民之间及农民和国家、集体、社会的关系所应遵循的行为规范。

(一)爱国家

爱国主义是各国人民对自己祖国的一种崇高而深厚的感

情。它使我们为自己的祖国繁荣而高兴,为祖国的不幸而忧愁,把自己和整个祖国的荣辱紧紧联系在一起,把个人利益和国家民族利益融合在一起。我们中华民族是一个富有爱国主义光荣传统的民族。热爱祖国是每一个炎黄子孙最起码的做人准则,是我国公民最基本的道德要求。那么,在新的历史条件下,农村家庭应该如何继承和发扬爱国主义的优良传统呢?

1. 爱国就是爱社会主义

爱国主义和社会主义在本质上是一致的。社会主义代表了我国各族人民的根本利益,代表了祖国的未来。改革开放以来的实践证明,坚持有中国特色的社会主义,祖国的前途,人民的前途,农民的前途都将会更加美好。

2. 振兴农业和农村经济

在农村所谓爱国主义,就是积极投身改革,发展农村生产力,全面振兴农业和农村经济,为国家的富强增砖添瓦。只有这样,才能实现各个农村家庭的共同富强。

3. 遵纪守法

我国法律是农村社会稳定和生活、生产良好秩序的准则之一。广大农村家庭应鼓励和督促家庭成员学习法律知识,增强法律观念,自觉抵制各种违法犯纪的思想和行为,做到学法、守法、用法、依法办事,做遵纪守法的好公民。

4. 执行计划生育

农村"多子多福"、"传宗接代"的封建传统观念等,容易导致农村人口过快增长,特别是不少贫穷落后的农村,越穷越生,越生越穷,形成恶性循环。这给国家经济建设、社会发展和人民生活的改善带来了极大的压力和困难。把计划生育纳入农村家庭计划,不仅有利于国民经济的发展,也有利于每个农村家庭的健康成长。

5.踊跃参军,积极纳税,履行公民义务

中华人民共和国宪法规定,保卫祖国和积极纳税是中华人民共和国每一个公民的神圣职责。依照法律服兵役、参加民兵组织以及按时纳税是中华人民共和国公民的光荣义务。自然,这也是每一个农村家庭的光荣义务。

另外,还有维护国家统一和各民族的团结,拥护共产党的领导,巩固工农联盟等,也是农村家庭及其成员的历史责任。

(二)爱集体

集体主义对我国广大农民朋友来说,不仅是一种优良传统,而且还是一种历史责任,是一种符合时代潮流的现代意识。

1.集体主义是农村家庭的好传统

我国广大农民历来就有热爱集体的好传统,早在新中国成立以前,我国的一些农村,就出现过一些农民家庭组织的互助组织。在市场经济的今天,我国又涌现出许多带领当地农村家庭走共同富裕道路的杰出代表。这样的典型人物,在全国农村有许许多多。

2.农村家庭离不开集体主义

当前我国农村中一些地区和一些人集体观念淡漠,信奉"各人自扫门前雪,不管他人瓦上霜"。这种只顾个人,不管集体与他人的观念如果盛行,损害的不仅仅是集体,还会危及家庭和个人。例如,有人在联产承包时,多分多占;有的将集体的公积金、公益金随意挥霍;有人甚至将计划生育罚款等农民上交的费用挪为私用等等。另一方面,在激烈的市场竞争中,分散的农户家庭经营,没有集体的参与,就缺乏竞争力。分散的农村家庭及其成员要成就一番事业,必须破除小农意识。只有共同发展、共同富裕,才有单个家庭的长久富裕与真正成功。尤其是现代社会分工的专业化程度越来越高,各行业间的协作也越来越强,小生产的经营方式就不能适应其需要。所以,现代农民不论从事哪种行业,都应该把集体主义精神贯彻到工作中去。而要引导农民致富奔小康,发展社会主义农村市场经济,就必须加强农民及其家庭的集体主义思想教育。

3. 集体主义的新内涵

作为一种现代意识,集体主义具有一种时代所赋予的新的内涵,其具体表现为:

(1)提倡集体主义精神主要是正确处理公私关系。一方面要以集体利益为重,强调集体利益高于个人与家庭利益;另一方面,又要在不损害集体利益的前提下保护和发展个人与家庭利益,集体利益应该尊重个人与家庭利益。个人及家庭利益与集体利益并非水火不容,而在绝大多数情况下其根本是一致的,这是新时期发扬集体主义精神的一个新特点。

(2)提倡集体主义精神,并不排斥个体经济发展。相反,在一定程度上,两者还存在相辅相成、互促共进的关系。

(3)集体主义要求个人与家庭更多地关心、参与集体事业与社会公益性事业。

总之,集体主义作为社会公德的一个基本要求,是我们每一个公民都应该具有的精神,也是广大农村家庭的优良传统和崇高品德。

（三）爱家乡

对于农民及其家庭而言，爱国主义与集体主义的最直接表现，就是热爱自己的家乡。中国农民的家庭、家族及家乡观念浓厚，历来强调寻祖归宗、落叶归根的本土意识。到了今天的社会主义社会，这种家乡观念进一步得到发扬光大，并注入新的内容，体现了鲜明的时代特征。那么，新时代下农民家庭热爱家乡应该具有哪些特征呢？

第一，对家庭负责，对上敬老养老，对下抚养教育好后代，创造和睦的家庭气氛，处理好邻里关系。同时，本着勤劳致富的原则，家庭的富裕就是家乡共同富裕的起点。

第二，积极关心和参与社会性公益事业，如修桥修路、兴修水利、建校办学、赈灾扶贫、助弱济残等，都应该努力做出自己力所能及的贡献。

第三，乡邻共同富裕是家乡建设的重要内容。要建设好家乡，不是一家一户的单个致富，而是以乡邻的共同富裕为目标，现代农民在实现自己家庭生活小康的同时，应该时刻不忘乡邻，积极无私地帮助乡邻共同致富。

第四，热爱家乡不仅在于建设家乡，还在于珍惜家乡的山山水水，一草一木。环境是当代全世界所面临的共同问题。这在农村也同样存在。恶劣的生态环境是建设事业的大敌，只有拥有了良好的生存环境，农村家庭的致富奔小康目标才能顺利实现，农民的身心健康才有保障。广大的农村家庭及其成员应该坚决抵制各种有害环境保护的行为和言论。并把环境保护付诸自己的实际行动，如维护公共卫生，不乱砍滥伐，保护野生动物，退湖还田，植树造林等等。只有真正形成人与自然的和谐共存,自然才能真正地为我所用,为我们的家乡建设提供广阔天地与丰富资源。否则,它不仅不能提供取之不竭、用之不尽的资源,相反,它还会对我们的建设事业进行打击,甚至是可怕的毁灭。近几年来,乱砍滥伐,水土流失,江河湖泊、水利工程的破坏,使我国很多地区对自然灾害的抗御能力大大减弱,并进而导致很多农村小雨小灾,大雨大灾,无雨又是旱灾,人民生命财产受到严重损失。因此,环境保护在我国已经是极为迫切的需要,这对于农村、农业的发展也同样重要。家庭致富应以不破坏生态环境为前提,以破坏环境为代价的家庭致富,不仅不能实现家乡的富裕,还会贻祸子孙,必然遭到法律的严惩。

参 考 文 献

〔1〕高启杰等. 农村家政. 北京:中国农业出版社,1997

〔2〕吴少平等. 实用家庭经济顾问. 北京:首都经济贸易大学出版社,1998

〔3〕周军. 实用家庭经济学. 北京:北京经济学院出版社,1994

〔4〕黄秀兰等. 妇儿保健百科. 北京:科学技术文献出版社,1995

〔5〕胡潇等. 世纪之交的乡土中国. 长沙:湖南出版社,1991

〔6〕常天. 节日文化. 北京:中国经济出版社,1995

〔7〕吴蔚起,杨友明,曾绍祥. 红喜事操办大全. 长沙:湖南文艺出版社,1999

〔8〕达明. 妇女生活百科. 新疆:伊犁人民出版社,1999

〔9〕廖国庚,陈成文. 农家礼仪. 长沙:湖南人民出版社、湖南科学技术出版社,1999

〔10〕白巍. 社交礼仪. 北京:农村读物出版社,2000

〔11〕齐冰. 现代公关礼仪. 北京:中国商业出版社,1999

后　记

　　我们每个人都有一个家,家庭是社会的细胞。我们所处的时代在变化,文化在转型,中国是一个伟大的农业文明古国,古老的农村家庭正在发生前所未有的变化,对农村家庭进行研究有着极为重要的现实意义。湖南省农业厅科教处邀请黄正泉同志负责编写一本农村家政。提出的要求是一要简明;二要实用;三要符合实际。黄正泉同志接受任务后,邀请了几位年轻有为的教师,经过多次讨论,主持编写了一个提纲,然后将提纲送交农业厅科教处审查,他们对提纲给予了高度的评价。各章作者写出初稿后交主编黄正泉仔细修改,根据修改意见作者再重写,写完再交主编修改定稿,真正做到了几易其稿。由于现在还没有一本真正适用农村家庭的教材,编写人员又没有现存的教材为蓝本,从而编写这本教材便成为了一项开拓性工作,作者付出了艰辛的劳动。

　　各章编写任务分工如下:第一章,周国良;第二章,朱梅;第三章,李红琼;第四章,王健;第五章,王健;第六章,周国良;第七章,朱梅;第八章,李红琼;第九章,李常国、李红琼。

　　由于我们的水平有限,资料不够,时间仓促,再加之要重在实用,给编写增加了一定的难度,因此纰漏在所难免,敬请读者批评指正。

　　　　　　　　　　　　　　　　　　　　　本书编写组